自动化配电网技术及应用

鲍卫东　吴乐洋　俞 伟　陈 荣　著

中国纺织出版社有限公司

内 容 提 要

本书系统介绍了自动化配电网技术的基本原理、关键技术及其应用。内容涵盖配电网自动化的内涵与意义、一次设备基础、系统规划与建设关键技术、数据通信系统、远方终端功能与故障检测技术。同时，本书探讨了变电站自动化系统，包括数字化智能变电站和常规变电站的数字化改造。此外，书中还涉及馈线自动化、远方抄表与电能计费系统、配电网数据采集与监控系统、配电图资地理信息系统以及负荷控制和管理等其他相关技术，旨在为配电网自动化领域的研究与实践提供全面的理论支持和实践指导。

本书适合从事配电网相关行业的工作人员阅读。

图书在版编目（CIP）数据

自动化配电网技术及应用 / 鲍卫东等著 .-- 北京：中国纺织出版社有限公司，2024.8.--ISBN 978-7-5229-2046-7

Ⅰ.TM727

中国国家版本馆 CIP 数据核字第 2024FY9732 号

责任编辑：范雨昕　由笑颖　　责任校对：寇晨晨
责任印制：王艳丽

中国纺织出版社有限公司出版发行
地址：北京市朝阳区百子湾东里 A407 号楼　邮政编码：100124
销售电话：010—67004422　传真：010—87155801
http：//www.c-textilep.com
中国纺织出版社天猫旗舰店
官方微博 http：//weibo.com/2119887771
三河市宏盛印务有限公司印刷　各地新华书店经销
2024 年 8 月第 1 版第 1 次印刷
开本：710 × 1000　1/16　印张：12.75
字数：213 千字　定价：88.00 元

随着国民经济的快速增长，人民的生活水平和社会的发展水平显著提升，人民对电力的需求也日益增加，这给生活、生产带来了许多用电问题。在这种背景下，设计合理的供电方案以提升供电效率、确保供电稳定性，并及时地发现和解决相关问题变得尤为关键。配电网自动化系统作为一种融合了计算机技术、网络技术与自动控制技术的新型配电解决方案，因在降低投资成本、提高供电可靠性和电能质量、提升管理效率、增加用户满意度以及优化设备利用率等方面的优势，已经被广泛采用。与传统的配电系统相比，配电网自动化系统具有更多的功能模块和更加复杂的系统结构，这也意味着它面临的问题更为复杂。因此，为了更好地掌握配电网自动化系统并充分发挥其优势，深入了解其各个组成部分的特点、工作原理、可能遇到的问题以及维护方法显得非常必要且具有现实意义。

配电网自动化系统的特点包括智能化监控、远程控制、数据集成、故障自诊断和用户交互等，涵盖了数据采集、信息传输、智能处理和执行操作等环节。在使用过程中，系统可能面临技术故障、网络安全、兼容性问题以及维护难度增加等挑战。为了确保系统的稳定运行，定期检查、技术更新、人员培训和建立故障应对预案等措施至关重要。

配电网自动化系统是应对现代电力需求增长的有效手段，它通过智能化和自动化技术提高了电力供应的效率和可靠性。然而，随着系统功能的增加和结构的复杂化，管理和维护的难度也相应提高。因此，了解系统的工作机制、潜在的问题以及有效的维护策略对于确保配电网自动化系统长期稳定运行至关重要。

本书是一本研究自动化配电网技术及应用的著作。首先，对配电网自动化的基础理论进行简要概述，介绍了配电网自动化的内涵与意义、配电网接线、配电网一次设备基础等；其次，对配电自动化系统整体规划与建设的相关问题进行梳理和分析，包括配电网自动化规划、配电网自动化系统安装、调试、验收、运行维护与管理等；最后，对自动化配电网技术及其相关实践应用进行探讨，内容涵盖了配电网自动化主站系统、配电网自动化数据通信、配电网自动化远方终端、变电站自动化系统等多个方面。本书论述严谨、结构合理、条理清晰，能为当前自动化配电网技术及应用相关理论的深入研究提供借鉴。

本书在写作过程中，查阅了大量的参考资料，在此向所有参考文献的作者表示感谢！由于作者水平有限，不妥之处恳请读者和同行专家批评、指正。

作者
2024 年 1 月

第一章　配电网自动化概述 /1

第一节　配电网自动化的内涵与意义 /1
第二节　配电网接线及一次设备基础 /9

第二章　配电自动化系统规划与建设 /25

第一节　配电网自动化规划 /25
第二节　配电自动化系统安装与调试 /39
第三节　配电自动化系统验收 /55
第四节　配电自动化系统运行维护与管理 /63

第三章　配电网自动化主站系统 /66

第一节　主站系统构成与建设模式 /66
第二节　主站系统关键技术 /76
第三节　配电网自动化技术在主站系统中的应用 /81

第四章　配电网自动化数据通信 /96

第一节　数据通信系统的组成与性能指标 /96
第二节　数据的传输、工作及差错检测 /103
第三节　配电网自动化通信方式 /110
第四节　配电网自动化常用的通信规约 /115

第五章　配电网自动化远方终端 /123

第一节　配电网终端的功能及构成 /123
第二节　配电网终端的故障检测技术 /136
第三节　分布式控制技术 /141
第四节　电流、电压传感器及故障指示器的应用 /144

第六章　变电站自动化系统 /150

第一节　变电站自动化系统概述 /150
第二节　数字化智能变电站 /155
第三节　常规变电站数字化改造 /164

第七章　其他配电网自动化技术及应用 /167

第一节　馈线自动化 /167
第二节　远方抄表与电能计费系统 /173
第三节　配电网数据采集与监控系统 /176
第四节　配电图资地理信息系统 /179
第五节　负荷控制和管理 /184

参考文献 /195

第一章　配电网自动化概述

第一节　配电网自动化的内涵与意义

一、配电网自动化概念

配电网作为电力系统连接用户的终端网络，包括 0.4 ～ 110kV 的各种电压等级。目前，配电网自动化的发展主要集中在中压配电网，即 10kV 或 20kV 电压等级的电网。依据国家能源局发布的《配电系统自动化规划设计导则》，可以说：配电网自动化是利用现代计算机技术、自动控制技术、数据通信、数据存储、信息管理技术，将配电网的实时运行、电网结构、设备、用户以及地理图形等信息进行集成，构成完整的自动化系统，实现配电网运行监控及管理的自动化、信息化。

（一）配电网自动化系统

配电网自动化系统（distribution automation system，DAS）是一个用于远程实时监视、协调和操作配电设备的系统。这一系统主要包括以下核心部分：配电网数据采集和监控（DSCADA）系统、需求侧管理（demand side management，DSM）以及配电网地理信息系统（GIS）。DSCADA 负责收集和监控配电网的数据，以确保电网高效运行。DSM 旨在通过控制和调整电力需求来优化电力资源的使用。GIS 用于管理和分析配电网的空间地理信息，有助于更准确地定位设备和优化电网布局。这些系统共同工作，提高了配电网的操作效率和服务质量，确保电力供应的稳定和可靠。

1. 配电网数据采集和监控

配电网数据采集和监控（DSCADA）系统是一种关键的自动化工具，用于从配电设备上的配电终端单元收集实时数据。这使调度员能够在控制中心远程操控现场设备。DSCADA 系统具备多项功能，包括数据采集、数据处理、远程监控、报警处理、数据管理以及报表生成等。

DSCADA 系统分为四个主要部分。

配电网进线监控：主要负责监控变电站向配电网供电的线路，包括出线开关位置、保护动作信号、母线电压、线路电流、有功及无功功率和电能量。这些数据通常可以从地区调度或市区调度自动化系统中获取。

开闭所及配电站自动化（distribution substation automation，DSA）利用计算机技术、现代电子技术、通信技术和信号处理技术，实现对开闭所或配电站的主要设备和配电线路的自动监视、测量、控制和保护，以及与配电网调度的通信等综合性的自动化功能。

馈线自动化（FA）：包括故障诊断、故障隔离和恢复供电系统，以及馈线数据检测和电压、无功控制系统。系统能在正常情况下远程实时监视馈线分段开关与联络开关的状态，监测馈线电流、电压，并远程操作线路开关，优化配电网的运行。

配变监测及无功补偿：对配电网中柱上变压器、箱式变压器和配电站内变压器的参数进行远程监测，并进行低压补偿电容器的自动投切和远方投切，从而提高供电可靠性和供电质量。

这些组成部分共同工作，提高了配电网的自动化水平，优化了电网的操作和管理，从而提升了整体的供电效率和可靠性。

2. 需求侧管理

在配电网自动化系统中，需求侧管理涉及两个主要内容：负荷控制与管理（LCM）和自动远程抄表（AMR）。

负荷控制与管理（LCM）：LCM 是根据电力系统负荷特性采取措施，如在高峰期减少用电或在低谷期增加用电，以此调整电力需求的时间分布。这种措施旨在减少电网的日常或季节性高峰负荷，提升电网的运行可靠性和经济性。对电网的规划而言，这可以减少新增发电装机的容量和相关的建设投资，从而降低供电成本。

自动远程抄表（automatic meter reading，AMR）：AMR 是一种现代抄表技术，通过公共通信网络、负荷控制信道、低压配电线载波或光纤等通信手段，自动从用户的电表收集数据，无须人工到现场读表。这种系统处理的数据被用于电能计费，并且适用于工业和居民用户。随着技术的进步，智能电能表已被广泛应用于这类自动抄表系统。

目前，LCM 和 AMR 系统已经整合为一个电力用户用电信息采集系统，成为电力营销管理系统的重要组成部分。这种整合提升了能源管理的效率，便于电力公司更好地服务用户并优化资源配置。

3. 配电网地理信息系统

配电网地理信息系统（GIS）是一个综合平台，包括设备管理（FM）、用户信息系统（CIS）和停电管理系统（OMS）三个主要组成部分。

设备管理（FM）：这部分负责将开闭所、配电站、箱式变压器、馈线、变压器、开关和电杆等配电设备的技术数据显示在地理背景图上。这使设备的位置和技术参数可以直观地展示和管理。

用户信息系统（CIS）：CIS 处理和管理大量用户相关信息，如用户的名称、地址、用电量、负荷特性、供电优先级和停电历史等。这些信息不仅帮助判断故障影响范围，而且对于网络潮流分析也是至关重要的。

停电管理系统（OMS）：在接到停电投诉后，OMS 负责识别故障地点和影响范围，并确定合理的操作步骤和路线。系统还会自动将处理进程的相关信息转发至用户服务中心，以便及时响应用户的投诉和询问。

通过将 DSCADA 系统与 GIS 结合，可以在地理信息图上直观、在线和动态地分析及监控配电网的运行状况，从而提升配电网的管理效率和服务质量。

（二）配电网高级应用系统

配电网高级应用系统是配电网自动化的关键部分，包括网络分析和优化（NAO）、调度员培训模拟系统（DTS）和配电生产管理系统（PMS）。这些系统共同提升配电网的运行效率和服务质量。

网络分析和优化（NAO）：NAO 致力于执行潮流分析和网络拓扑优化，以减少线路损耗和改善电压质量。此外，NAO 还进行必要的分析以降低运行成本和提高供电质量。

调度员培训模拟系统（DTS）：DTS 通过模拟仿真软件对配电网进行模拟，用于调度员的培训。当 DTS 使用实时数据时，它还可以帮助调度员预测操作结果，增加操作的安全性。

配电生产管理系统（PMS）：PMS 涵盖了配电网的资源管理和生产管理两大应用领域。资源管理应用主要负责建立和维护配电网的网络模型和台账；生产管理应用包括设备资源管理、异动管理、缺陷管理、巡视管理、故障管理、检修和试验管理以及实时信息显示等日常生产功能。国家电网公司目前正在推进的配电网状态检修辅助决策系统也被整合到PMS中。

配电网自动化系统与高级应用系统共同组成了配电网管理系统（DMS），这是一个综合平台，旨在优化配电网的管理和操作，确保供电的高效和可靠。

二、配电网自动化系统的构成及功能

（一）配电网自动化系统的构成

配电主站作为配电网自动化系统的核心，通过基于IEC 61968标准的信息交换总线或综合数据平台实现与多个系统的快速信息交换和共享。这包括与上级调度自动化系统、专变及公变监测系统、居民用电信息采集系统等实时或准实时系统的连接。同时，配电主站还与配电网GIS、生产管理系统、营销管理系统和企业资源计划（ERP）等管理系统接口，以扩展配电管理功能，并实现安全和经济的运行分析及故障分析。

配电子站作为一个中间层，分散主站的功能，优化信息传输和系统结构，便于通信网络的组建。配电子站负责所管辖区域内的信息汇集与处理、故障处理和通信监视等功能。

配电终端是用于中低压配电网的各种远程监测和控制单元及其外围接口电路模块的统称，主要包括配电开关监控终端（FTU）、配电变压器监测终端（TTU）和开闭所、公用及用户配电站监控终端（DTU）。FTU和DTU通常被归类为馈线监控终端。

整个通信网络实现了配电网自动化系统与其他系统之间、配电主站与配电子站之间，以及配电主站或配电子站与配电终端之间的双向数据通信，保障了信息的流畅和系统的高效运行。

（二）配电网自动化系统的功能

配电网自动化系统旨在提高电力配送的效率、可靠性和质量。它包含一系列功能，使电网能够智能化地运行和管理。以下是配电网自动化系统的主要功能。

实时监控和控制：系统能够实时监控电网的状态，包括电压、电流、频率和功率等参数，并能远程控制如断路器和分断开关等配电设备。

故障检测和管理：自动检测和定位系统中的故障，如短路或过载，并迅速隔离故障区域，以减少停电范围和持续时间。

配电网优化：通过潮流分析、负载预测和网络重配置，优化电网运行，以减少损耗和提高电网的整体性能。

负荷管理：包括需求侧管理通过控制和调整电网的负载需求来优化电力资源的使用。

能源质量管理：提高供电质量，如通过无功功率补偿来控制和优化电网的电压质量。

资产管理：使用地理信息系统（GIS）技术维护和管理电网资产的地理位置和技术数据，以便于规划和运维。

预测和计划：运用历史数据和模式识别技术，进行负荷和故障预测，辅助未来电网的规划和决策。

通信和数据管理：维护一个高效的数据通信网络，以支持实时数据的收集、传输和分析，确保信息在系统各部分间快速流通。

用户服务：包括自动远程抄表（AMR）和顾客信息管理，提高计量的准确性和账单处理的效率。

应急管理和响应：在电网故障或其他紧急情况下，迅速响应，实现快速恢复供电服务。

配电网自动化系统通过这些功能，不仅提高了电网的运行效率和供电可靠性，还有助于减少运营成本和提升用户满意度。

三、实现配电网自动化的意义

（一）缩短事故处理所需时间

在实施配电网自动化系统前后，一个电力公司对配电系统事故处理时间进行了比较分析，以展示自动化系统在提高供电可靠性和缩短事故处理时间方面的效益。以下是一些具体的比较数据。

1. 配电站变压器组事故

自动操作：处理时间为5min。

人工操作：处理时间为30min。

2. 从其他变压器组和配电站恢复供电

自动化系统完成：需要15min。

人工操作：需要120min。

3. 配电站发生全站停电

自动化系统完成负荷转移：需要15min。

人工就地操作：需要150min。

4. 配电线路事故

自动化系统控制恢复送电：平均时间为3min。

人工操作：平均时间为55min。

5. 故障发生至系统完全恢复

自动化系统处理：需要60min。

人工操作：需要90min。

这些数据显示，配电网自动化系统大大缩短了事故处理时间，从而提高了整体供电的可靠性和效率。

（二）提高供电经济性

当前，减少配电网线损可以采取多种措施，如配电网络重构、安装补偿电容器、提升配电网电压等级以及更换导线。在这些方法中，提升电压等级需要全面评估，而更换导线和安装补偿电容器涉及资金投入。配电网自动化为用户提供了实时远程控制配电网开关，进行网络重构和电容器投切管理的能力，这有助于在不大幅增加投资的情况下，改进电网运行模式和降低网损。

具体来说，配电网络重构的目的是通过优化现有的网络结构来改善配电系统的潮流分布，理想目标是实现最优潮流分布，从而最小化网损。此外，配电网自动化还支持电力用户用电信息的自动采集，这不仅消除了人工抄表的主观误差和遗漏，还能显著降低管理线损。自动化系统还能及时发现窃电行为，从而减少经济损失。这些措施共同提高了配电网的应用效率和可靠性。

（三）提高供电能力

配电网通常根据满足峰值负荷的需求来设计。每条馈线承载的负荷类型各异，如商业、民用和工业等，这些不同的负荷类型具有不同的日负荷曲线，而且峰值负荷出现的时间也各不相同。这种现象使实际的配电网负荷分布往往不均衡，有时甚至极不均衡，这不仅降低了配电线路和设备的利用率，还导致了较高的线损。通过配电网的优化控制，可以将重负荷或过负荷馈线上的部分负荷转移到轻负荷的馈线上，从而有效提升馈线的负荷率和配电网的供电能力。

在某些情况下，配电网的线路可能会发生过负荷。传统的解决方法是建设新的线路，将负荷分担到两条线路上以确保供电安全，但这种做法成本较高，尤其是考虑到过负荷通常只在年中的特定时期发生。在有合理网架结构的基础上，配电网自动化技术可以通过技术性移荷和负荷管理有效消除过负荷问题，这不仅是一种更经济的解决方案，还提高了系统的整体效率和响应能力。

（四）降低劳动强度，提高管理水平和服务质量

配电网自动化能显著减少人工介入，自动完成大量重复性工作，这包括但不限于读取用户电表、监控变压器的运行状态、监测配电站负荷、记录断路器的开合状态，以及控制无功补偿电容器的投入或退出。配电网自动化的应用还包括远程控制柱上开关、实现配电站和开闭所的无人值班运行、利用人工智能代替传统经验进行决策分析、数据统计和处理，以及建立配电网地理信息系统和客户呼叫服务系统等。这些自动化措施无疑降低了工作强度，提升了管理效率和服务质量。

配电网自动化也提高了用户满意度。除了确保供电可靠性和电压质量之外，供电部门还能帮助用户避免用电方面的困扰。例如，在实行分时电价的情况下，配电网自动化系统可以帮助用户合理安排耗能设备的运行时间，既确保设备有效运行，又有助于用户节约电费。这种自动化系统的应用使用户在享受连续稳定供电的同时，也能优化其电力使用，进一步提高了用户的满意度和信任度。

四、配电网自动化发展趋势

配电网自动化是电力系统现代化的关键组成部分，随着技术的不断进步，其发展趋势呈现出多样化和高级化的特点。未来的配电网自动化将更加注重智能化、集成化、可靠性和用户交互性，以适应日益增长的电力需求和可再生能源的广泛接入。

（一）智能化和数据驱动的决策支持系统

随着大数据、人工智能和机器学习技术的发展，配电网自动化将更多地依赖于这些技术来优化网格操作。通过实时数据分析，系统能够预测负载变化、识别故障模式并自动调整网格配置以防止故障发生或减轻故障。智能化的配电网不仅提高了操作效率，还能显著减少运维成本，提高能源利用效率。

（二）集成可再生能源和储能系统

为了应对气候变化和减少温室气体排放，越来越多的可再生能源被集成到电网中。未来的配电网自动化系统需要能够管理这些分散式能源的变化和不确定性，包括太阳能、风能和储能设备。自动化系统将扮演关键角色，通过实时调节和优化资源配置，保持电网的稳定和高效运行。

（三）增强系统可靠性和自愈功能

通过先进的监控技术和自动化工具，配电网将具备更强的自愈能力来应对突发事件，如自然灾害或系统故障。自愈系统能够在发生故障时快速隔离问题区域，并重新配置网络，以最小化服务中断的影响。

（四）用户互动和能源管理服务的增强

随着智能电表和家庭能源管理系统的普及，消费者越来越多地参与电力系统的运营。未来的配电网自动化将提供更多的用户定制服务，如需求响应和动态定价，帮助用户根据电价变化调整用电行为，实现能源消费的优化。

（五）安全性和网络防护的提升

随着电网越来越多地依赖于网络通信和信息技术，其应对网络攻击的脆弱性也在增加。因此，未来的配电网自动化系统将加强网络安全措施，采用先进的加密技术和持续的安全监控来保护电网数据和确保操作安全。

（六）绿色和可持续的电网发展

配电网自动化将致力于推动电网的绿色转型，包括提升能效、减少电网损耗和支持电动汽车等新兴技术的快速发展。这不仅有助于减少对环境的影响，还为电力行业带来新的增长机遇。

第二节 配电网接线及一次设备基础

一、配电网接线

（一）放射式接线

1. 单回路放射式接线

线路的末端没有其他能够联络的电源。优点：接线简单、投资较小、维护方便。缺点：接线方式较不可靠，任一元件故障便引起供电中断。这种接线方式适合农村、乡镇和小城市采用。

2. 双回路放射式接线

这种布线方式采用单端供电，但在每个电杆上设有两条回路，从而为每个客户提供双路供电，通常被称为双“T”接线。通过这种设计，其中一条线路发生故障或需要维修停电时，另一条线路可以继续供电。即便这两条线路均源自同一变电站的不同母线段，除非变电站全面停电，否则客户通常不会遭遇停电问题。由于这种结构的成本相对较高，一般仅适用于城市中需要双电源的客户。

3. 树枝式接线

树枝式接线又称树干式接线，是一种放射型接线方式，由主干线、次干线和分支线组成。这种接线方式适合负荷点沿线分布的情况，但应限制分支线的数量以避免过多。树枝式接线的供电可靠性相对较低，当故障发生在接近电源端的区段时，影响范围较大；当故障发生在接近末端的区段时，影响范围较小。

（二）环式接线

由于放射式接线的供电可靠性低，随着配电网的发展，在两个或多个放射式接线之间用联络开关连接起来，组成多电源有备用的接线方式，称为环式接线。

1. “N-1”接线

“N-1”接线方式的核心特点是，当任意一条线路发生故障时，系统都能够通过负荷转移，确保其他未发生故障的部分继续运行。在这种配置中，通常N条线路中有一条作为备用，而其余线路正常运行。所有线路的末端通过联络开关连接起来，使平均负荷率为（N-1）/N。

具体来看，如果N等于2，采用的就是所谓的“2-1”接线，这通常被称为手拉手接线方式，其中线路的平均负荷率为50%。若N为3，即“3-1”接线，平均负荷率提升至67%。若N为4，即“4-1”接线，平均负荷率进一步增加至75%。随着N值的增大，平均负荷率逐渐提高，但同时运行和操作的复杂性也相应增加。通常情况下，N的值最大不超过5，以保持系统的可管理性和运行效率。

（1）“2-1”手拉手接线

手拉手接线是一种灵活的接线方式，可以通过电缆、架空线，或者二者的混合来实现连接。这种接线方式根据电源的不同可以有多种形式：同一变电站内同一母线上的连接、同一变电站内不同母线的连接，以及不同变电站母线之间的连接。此外，手拉手接线还可以是主干线之间的连接或分支线之间的连接，构成单环网或双环网的结构。

在正常运行状态下，手拉手接线方式中的联络开关保持打开，而分段开关处于闭合状态。如果某个电源发生故障，与该故障电源相连的分段开关将会打开，同时联络开关闭合。这样的操作使负荷能够转移到另一个电源上，从而保证供电的连续性和系统的稳定性。

（2）“3-1”接线

“3-1”接线方式是配电网中常用的一种设计，它有三种主要形式：有备用线的环网接线、首端环网接线和末端环网接线。

有备用线的环网接线：在这种接线方式中，两条主供线路满负荷运行，而备用线路保持空载状态。尽管这种方式的网架结构清晰、易于管理，但其运行方式在实际应用中并不经济，因为备用线路的设备长时间空载，在配电网中不推荐广泛使用。

首端环网接线：当三条线路都源自同一变电站，并且该变电站配备有三台主变压器时，此种接线方式较为适用。在这种结构下，三个联络开关房的相对位置较近，使网架结构和操作程序更简洁明了。然而，这种方式需要在联络开关房之间敷设相对较长的环网电缆，如果这些开关房之间的距离较远，所需的联络电缆长度和投资也会相应增加。

末端环网接线：这种接线方式考虑到了线路负荷的1/3裕度。在正常运行中，每条线路承担 2/3 的负荷。例如，将其中一条线路（如线路 2）分为甲、乙两段，每段分别承担 1/2 的“3-1”线路负荷，即 1/3[（2/3）×（1/2）]的线路负荷。最后，这三条线路在末端进行环网连接，并在各联络开关房设立开环点。与首端环网接线相比，末端环网接线减少了环网电缆的长度，因为它避免了在首端进行长距离的环网连接，而是在不同电源线路间的末端进行连接，这样不仅降低了成本，还提高了线路的利用效率和可靠性。

（3）“4-1”接线

“4-1”接线也被称作“三供一备”，涉及三个主回路共用一个备用回路的配置。电源 T1、T2、T3 可以来自同一变电站的三台不同主变压器，或者分别来自不同变电站。在这种接线中，电源切换柜连接三个回路的末端，并将一条线路引向附近的变电站，作为这三个回路的备用电源 T4，实现环网（采用开环运行方式）。电源切换柜通常安装在任一回路的末端用户侧。

该接线方式的优点：电缆的平均负荷率提高至 75%；传统需要六个出线柜的三个开式环网，在“4-1”接线中仅需四个出线柜；通常情况下，环网末端用户之间的距离远小于到变电站的距离，使用一条变电站出线电缆作为三个回路的备用电源，可以大幅节省投资成本。

然而，在众多接线方式中，手拉手接线因其网架结构简单、投资少、操作和维护简便，自动化实施难度小，因此在当前配电网规划和建设中得到了广泛应用。尽管手拉手接线在正常运行中需要每条线路预留一半的容量，导致资源使用效率不高和灵活性不足，但其简易性和低成本仍然使其具有较大的优势。

相比之下，“4-1”接线的网架结构较为复杂，运行及事故处理程序烦琐，增加了自动化实施的难度，并且形成该环网需要敷设大量的联络线路，使电缆线路的投资较高，性价比较低，不太符合经济效益的要求。

“3-1”接线在运行灵活性和成本效益之间取得了较好的平衡。它要求预留 1/3 的线路冗余度，可以更充分地利用线路的有效载荷，且各线路间的联络线较少。在合适的开环点选择下，负载转移操作相对简单，实现自动化也相对容易，因此在很多情况下是一种较优的选择。

2. 多分段多联络接线

多分段多联络接线方式依据分段和联络的数量有多种分类，如两分段两联络、三分段两联络、三分段三联络、四分段三联络、五分段三联络、六分段三联络等。在这种配置中，分段的数量通常大于联络的数量。分段数量的增加可以缩短故障停电和检修停电的持续时间，从而提高网络的整体可靠性，因此分段数是影响供电可靠性的一个重要因素。

另外，联络线的数量不仅影响网络的可靠性，还直接关系到线路的负荷率。联络开关的数量越多，线路的负荷率通常越高，从而提高经济效益。例如，如果联络数为N，那么每条线路的理论负荷率将为$N/(N+1)$。然而，增加联络数量会导致设备投资增加，因此对于特定的供电负荷，存在一个最优的分段数和联络数的平衡点。

这种接线方式的设计需谨慎权衡分段与联络的数量，以实现供电系统的最大可靠性和经济性。选择合适的分段和联络数量可以最大化供电网络的效率，同时降低由于过度投资导致的不必要成本。

3. “4×6”接线

“4×6”接线模式涉及四个电源点和六条相互连接的手拉手线路。在此配置中，每两个电源点之间都设置有联络或可转供通道，确保即便任意两个元件出现故障，系统依然能够维持正常供电。

该接线方式的优势显著，它能够使所需断路器的数量相比传统接线方式减少至40%，同时提升系统的整体可靠性；电源的平均负荷率达到75%，较传统手拉手接线方式提高了25%；系统的短路电流需求和载流量也有所降低。此外，各出线开关设计为模块化结构，允许工厂装配为成套设备，从而降低了设备投资成本。

在“4×6”接线正常运行条件下，分段开关保持闭合，联络开关保持打开状态。例如，当电源T1发生故障时，与T1直接连接的三条支路的分段开关会自动跳闸，而这三条支路连接到T2、T3、T4的联络开关会闭合，使原本由T1承担的负荷平均转移到其他三个电源上。因此，在任何电源正常工作时，其负荷率为75%，而在发生故障时，该故障电源75%的负荷会均等分配到其他三个电源，每个接受25%的负荷。

为了最大化“4×6”接线方式的效益，四个电源需要具有相同的容量，线路型号应保持一致，甚至每条线路上的负荷也需要均衡分配。这些条件确保了系统的平衡和高效运作，使该接线方式特别适合于新建开发区的电力系统应用。

二、配电网一次设备

（一）配电变压器

配电变压器是电力系统中至关重要的设备，负责将高电压电力转换成适合家庭和商业用途的低电压。在电力传输和分配过程中，变压器扮演着核心角色，确保电力从发电站经过高压输电线路传输到最终用户时，电压级别得以适当调整，满足不同的用电需求。

1. 基本原理和结构

配电变压器工作基于电磁感应原理。它包含两组绕组——初级绕组和次级绕组，均缠绕在一个闭合的铁芯上。当交流电流通过初级绕组时，会在铁芯上产生变化的磁通量，从而在次级绕组中感应出电动势，实现电压的升高或降低。变压器的转换效率非常高，能够在最小的能量损失中完成电压转换。

2. 类型与应用

配电变压器的类型多样，按照功能和安装方式可以分为极性和非极性、干式和油浸式、室内和室外等。干式变压器通常用于内部环境，如办公楼和住宅，因其不涉及液态冷却介质，更安全且维护简便。油浸式变压器因其优异的冷却性能和高电压容量，常用于户外或大型工业设施。

3. 维护与效率

配电变压器的效率和寿命很大程度上依赖于正确的安装、定期的维护和及时的故障排除。变压器的效率通常在 95% 以上，但任何形式的损耗都可能导致能量浪费和运行成本增加。定期检查绕组的绝缘、清洁变压器和检测油浸式变压器中的油质，都是确保变压器健康运行的关键环节。

（二）断路器

断路器具有可靠的灭弧装置，它不仅能通断正常的负荷电流，而且能接通和承担一定时间的短路电流，并能在保护装置作用下自动跳闸，切除短路故障。

按采用的灭弧介质进行分类，断路器可分为油断路器、压缩空气断路器、真空断路器、SF_6 断路器、自产气断路器和磁吹断路器等。目前配电网中常用真空断路器和 SF_6 断路器。

1. 技术参数

①额定电压：表征断路器绝缘强度的参数，是断路器长期工作的标准电压。

②最高工作电压：较额定电压高 15% 左右。

③额定绝缘水平：反映工频电压下的耐压水平，是断路器最大额定工作电压。

④额定电流：断路器允许连续长期通过的最大电流。

⑤额定短路开断电流：在额定电压下，断路器能保证可靠开断的最大电流。

⑥额定短路开断次数：反映断路器开断故障电流（小于额定短路开断电流）性能，当断路器的实际开断次数小于额定短路开断次数时，其性能能够保持完好。

⑦额定动稳定电流（峰值）：断路器在合闸状态下或关合瞬间，允许通过的电流最大峰值，又称为极限通过电流。它是表征断路器通过短时电流能力的参数，反映断路器承受短路电流电动力效应的能力。

⑧热稳定电流：反映断路器承受短路电流热效应的能力。它是指断路器处于合闸状态下，在一定的持续时间内，通过所允许的最大电流（周期分量有效值），此时断路器不应因短时发热而损坏。国家标准规定，断路器的额定热稳定电流等于额定短路开断电流。

⑨机械寿命：主要指弹簧、转轴、连动杆等构成机械传动控制系统的各个机械部件的整体使用寿命，任一部件损坏则使用机械寿命终止，至少允许 10000 次开断。

2. 真空断路器

真空断路器因其适合频繁操作且维护需求低而备受青睐。试验数据显示，真空断路器的活动部件可以承受高达 50000 次的闭合和断开操作而表现出极少的磨损。在开断负荷电流时，产生的过电压在绝大多数情况下（超过 90% 的概率）不会超过额定电压的 3 倍。此外，真空断路器还拥有低噪声、无燃爆风险、体积小、寿命长以及高可靠性等优点，在中压配电网中占有较大的市场份额。

真空断路器的触头设置在真空灭弧室内，用来断开电路。当触头操作时，会在触头间产生电弧。由于真空环境的特性，在电流过零点时，电弧会立即熄灭。这是因为电弧中的带电离子会迅速通过扩散、冷却、复合以及吸附过程消失，使真空环境中的介质强度迅速恢复。真空断路器的设计使燃弧时间极短，通常不超过半个周期，从而有效控制过电压的产生，保证操作的安全性和设备的可靠性。这些特点使真空断路器成为中压配电系统中的优选设备。

（三）负荷开关

负荷开关在 10 ～ 35kV 的配电网中常见，它既可以作为独立设备使用，也可以与其他设备结合使用，如常见的是作为环网柜等设备中的主要元件。负荷开关能够手动或电动操作，并可以通过智能化控制开断负荷电流，以及关合并承载额定短路电流。其耐用性取决于开关电流的大小和灭弧介质或灭弧方式。

市场上主要的负荷开关类型包括产气式、压气式、SF_6 气体式和真空式。每种类型的负荷开关都有其独特的灭弧机制和应用领域。

产气式负荷开关：通过断开开关时产生的气体来灭弧，适合于一些特定的低压应用。

压气式负荷开关：利用压缩气体来灭弧，这种类型的开关适合于中等负荷的应用。

SF_6 气体式负荷开关：使用六氟化硫（SF_6）气体，这种气体具有极佳的电绝缘性和灭弧能力，适用于高电压和大电流的场合。

真空式负荷开关：在真空环境中断开和闭合电路，以防止电弧产生，适合于频繁操作且要求高可靠性的应用。

这些开关的设计旨在提高配电网络的可靠性和效率，同时减少维护需求和降低操作成本。每种类型的负荷开关都有其优势和特定的最佳应用场景，选择合适的负荷开关类型对于确保电网稳定运行和提高供电安全性至关重要。

（四）隔离开关

隔离开关是高压电路中常用的设备，它不具备灭弧能力，因此不应在带负荷的状态下操作开合。隔离开关的主要功能是在断开时提供一个清晰可见的断开点和足够的安全间距，确保进行停电检修时工作人员的安全。通常，隔离开关被安装在高压配电线路的重要位置，如出线杆、联络点、分段处，以及不同维护单位之间的分界点。

根据安装位置的不同，隔离开关分为户内式和户外式。根据绝缘支杆数量的不同，隔离开关又可分为单柱式、双柱式和三柱式。隔离开关的操作类型包括水平旋转式、垂直旋转式、摆动式和插入式，这些不同的设计满足了各种操作环境和技术要求。

此外，隔离开关还可以根据是否配备接地开关分为单接地式、双接地式和无接地开关式。接地开关的设计是为了增强安全性，确保在开展维护或检修工作时线路完全处于接地状态，从而避免意外电击。

操作机构的类型也是隔离开关的一个分类标准，包括手动式、电动式和气动式等。这些不同的操控方式灵活性较高，以适应不同场景和操作习惯的需求。

总体而言，隔离开关是确保电力系统安全运行不可或缺的组成部分，通过合理的布局和精确的选择，可保障电力系统的安全和维护工作的安全执行。

（五）熔断器

熔断器是一种依赖于熔体或熔丝特性的保护装置，设计用于在电路发生短路或不允许的大电流时通过熔断作用切断电路。当过大电流通过熔体或熔丝时，电流产生的热量足以使熔体或熔丝断开，从而保护电气设备免受损害。

熔断器的动作过程可以分为三个主要阶段。

弧前阶段：这是从过电流发生到熔体熔化的阶段，持续时间从几毫秒到几小时，具体时间取决于过电流的大小和熔体的安秒特性。

燃弧初期阶段：在这一阶段，熔体已熔化并开始产生电弧，通常持续几毫秒。

燃弧阶段：从持续燃弧到电弧熄灭，通常持续几毫秒到几十毫秒。

熔断器的关键性能指标之一是其安秒特性曲线，也称为反时限曲线，其描述了熔断时间与熔体电流之间的关系，每种额定电流的熔断器都有其特定的曲线。

按使用场合，熔断器可分为户内式和户外式。户外使用的跌落式熔断器通常为非限流式，采用喷逐式灭弧原理，该原理在开断大电流时效果良好，但在开断小电流时可能会出现灭弧困难的情况。

按灭弧性能，熔断器分为限流式和非限流式两种。

限流式熔断器：能够在短路电流达到峰值前熄灭电弧，有效限制短路电流的峰值，减轻对电气设备的损害。这种类型的熔断器装置简便、价格经济，具有良好的限流性能，因而在环网柜和箱式变压器中广泛使用。限流式熔断器能在 10ms 内快速开断电路，排除故障。

全范围保护用高压限流熔断器是一种新型的限流式熔断器，适用于额定电压 10kV 的中压系统。它结合了限流式熔断器的高分断能力和非限流式熔断器的小电流过负荷保护能力，提供全面的保护性能，适合作为变压器及其他电力设备的过负荷和短路保护装置。

非限流式熔断器是一种在电流超过规定值时，通过熔体熔断来断开电路的电器。它的主要作用是提供短路和过电流保护，广泛应用于高低压配电系统、控制系统及用电设备中作为保护器件。非限流式熔断器的特点是，在故障状态下，它不会限制或阻断请求流量，而是将请求流量直接转发到故障服务。这种熔断器的主要作用在于监控故障服务的状态，并根据故障的类型和严重程度采取相应的措施，如发送警报通知运维人员或进行故障服务的临时屏蔽等。非限流式熔断器的设计旨在不中断服务的情况下对故障进行监控和处理，通过及时的故障监控帮助运维人员快速定位和解决故障，缩短系统的恢复时间。此外，它还可以提供详细的故障日志和统计信息，用于故障分析和问题排查。

总之，熔断器是电力系统中一种基本且重要的安全装置，通过精确的设计和材料选择，保证了电路在异常条件下的安全断开。

三、开闭所

开闭所本质上是变电站 10kV 母线的一个延伸点，它包括 10kV 开关柜、母线、控制和保护装置等电气组件及其辅助设施。这些组件按特定的接线方式组装，通常设于室内，但在某些情况下，也可采用户外型开关设备构建成户外箱式结构。

在电力分配中，当负荷点距离变电站较远，直接供电需要较长输电线路时，建设开闭所成为一种有效的解决方案。这样，可以在负荷点附近设立开闭所，通过开闭所的出线来保障这些远距离负荷的稳定供电。开闭所不仅接受 10kV 出线，还重新分配电力，尽管这增加了配电网的投资成本，但它减少了高压变电所的 10kV 出线间隔和线路走廊，从而降低了故障发生的概率。此外，开闭所还可作为配电线路间的联络枢纽，并能为重要用电客户提供双电源选择，这在需要高可靠性供电的地区，如城市的繁华商业中心尤其常见。

自 20 世纪 90 年代起，中国大多数大中型城市开始广泛建设 10kV 开闭所。设备技术也从使用少油断路器柜逐步过渡到采用体积更小、操作更简便的空气负荷开关柜。到了 20 世纪 90 年代中期，随着灭弧性能更优的真空负荷开关的推广，这种设备开始在 10kV 配电网中替代传统的空气负荷开关，成为开闭所的核心设备。目前，更为先进的 SF_6 气体式负荷开关已成为 10kV 开闭所中的主流设备，它们提供更高的效率和可靠性。

（一）设置原则

开闭所在电力系统中扮演着重要角色，主要由于其能够加强配电网的控制能力，提高供电的灵活性和可靠性。因此，开闭所设置遵循以下原则。

1. 重要用户附近或电网联络点

如政府机关、电信枢纽、重要大楼以及有多条 10kV 供电线路的交通要道。在这些地点设立开闭所可以确保关键设施在电力供应中的稳定性和可靠性。

2. 用户密集区域

包括大型住宅社区、商业中心和工业园区等。这些区域通常有较高的电力需求，通过开闭所进行电能的二次分配，能更有效地管理和分配电源，满足不同用户的供电需要。

3. 城市基础设施改造项目

随着城市建设和景观改造的推进，如在旧城改造或道路拓宽项目中，原有的架空电线往往需要转换为电缆线路。在这些改造区域沿线建设开闭所或电缆分支箱，是解决原有架空线路上分支线和用户供电问题的有效方式。

4. 选址和布局要求

开闭所的位置选择应考虑到便捷的通道通行、巡视检修的方便性以及电缆进出的便利。通常建议将开闭所设置在独立的建筑中，或者位于建筑物的一楼裙房内。为了避免潮湿或积水可能引起的电路跳闸问题，尽量避免将开闭所设置在地下室中。

通过这些策略的实施，可以确保开闭所在配电网络中发挥最大效用，为用户提供稳定、安全的电力供应。

（二）主接线

开闭所接线方式的选择对于保证电力供应的稳定性和可靠性至关重要。常见的接线方式包括单母线接线、单母线分段接线和双母线接线三种主要类型。

1. 单母线接线方式

配置：通常包括 1 ～ 2 路进线间隔和多路出线间隔。

优点：结构简单，接线明了，规模较小，成本较低。

缺点：灵活性和可靠性较低。一旦母线或进线开关出现故障或需检修，可能导致整个开闭所停电。

适用情况：适合于线路分段、环网供电，或为单一电源用户供电的场合。

2. 单母线分段接线方式

配置：通常包括 2 ～ 4 路进线间隔和多路出线间隔，母线间设有联络开关。

优点：可以通过母线联络开关将母线分段，为重要用户从不同母线段提供双重供电源，提高供电可靠性。母线出现故障或需检修时，可通过另一段母线维持供电，避免重要用户停电。

缺点：母线联络需要占用额外空间，增加了建设成本；系统运行模式在切换供电源时会变得更为复杂。

适用情况：适合于需要为重要用户提供双电源的场合。

3. 双母线接线方式

配置：通常包括 2 ～ 4 路进线间隔和多路出线间隔，两段母线之间无直接联系。

优点：供电可靠性极高，每段母线都可以由两个不同的电源供电。任一电源线路出现故障或需检修时，都不会影响用户的供电。此外，调度灵活，能够适应 10kV 配电系统中各种运行方式和潮流变化。

缺点：与开闭所相连的外部网架要强，每段母线要有两个供电电源。

适用情况：适用于供电可靠性要求极高的重要用户或需要提供双电源的场合。

通过以上分析，可以看出每种接线方式都有其特定的应用场景和相应的优缺点。在设计开闭所时，应根据实际的供电需求、预算和运行维护的复杂性进行恰当的选择。

四、环网柜和电缆分支箱

（一）环网柜

环网柜是配电网中用于保证电力供应可靠性的关键组件，主要由以下基本单元组成：柜体、母线、负荷开关、熔断器、断路器、隔离开关、电缆插接件和二次控制回路等。

1. 柜体

（1）空气绝缘和复合绝缘柜体

这些柜体在工艺和材料选择上与传统交流金属封闭开关设备相似，但设计更为简洁，体积较小。

（2）SF_6 气体绝缘柜体

按照国际电工委员会（IEC）标准设计，通常由 2.5 ～ 3mm 厚的钢板或不锈钢焊接而成，并实现寿命期内的一次密封。为预防内部电弧故障引发的爆炸，柜体装配有防爆膜。如德国德里舍（Driescher）公司的产品，在内部故障导致压力升高时，柜体会膨胀并通过机械连杆触发接地开关，快速消除故障电弧。

2. 母线

主母线通常根据柜体的额定电流选择，常用的有电场分布良好的圆形或倒圆形母线。

3. 负荷开关

负荷开关具有多功能性，通常包含负荷、隔离和接地功能，简化了负荷开关柜的结构设计。

4. 熔断器

通常采用全范围限流熔断器，并在两侧配置接地开关。一旦高压熔断器的任何一相熔断，顶端的撞针会触发脱扣装置，自动使负荷开关跳闸。

5. 断路器

通常用于多回路配电单元的进线柜，不需要重合闸功能。流行的选择包括 SF_6 断路器和真空断路器，如施耐德的 SF_6 断路器使用旋弧加热膨胀灭弧原理，而德国卡乐尔—埃马格（Calor-Emag）公司的真空断路器置于 SF_6 气体中，操作机构安装在外部面板上。

6. 隔离开关

隔离开关结构类似于负荷开关，通常安装在断路器下方，用于实现线路侧接地。

7. 电缆插接件

电缆插接件用于连接电缆，为负荷开关的延伸部分，设计为封闭型以确保安全可靠。电缆插头类型包括内锥式和外锥式，形状有直式、弯角式和 T 形，额定电压通常在 35kV 以下，额定电流在 200 ～ 630A。

8. 二次控制回路

二次控制回路实现就地或远程操作，采用集成控制、保护、计量、监视和通信的微机控制管理系统模块，推动多回路配电单元朝小型化、模块化和智能化发展。

这些组成部分共同确保环网柜能够在配电网络中高效、安全地运行，满足现代电力系统的严格要求。

（二）电缆分支箱

电缆分支箱是电力系统中用于配电网络的一个重要组件，主要用于将主电缆的电能分配到多个分支电缆中。这种装置在城市地下电力网络、住宅小区、商业中心、工业园区等地方广泛应用，特别适用于密集的用户集中地，有效实现电力的分布和管理。

1. 功能与结构

电缆分支箱通常包括一个防水、防尘的外壳，内部装有连接装置和保护装置。这些装置包括但不限于电缆接头、断路器、熔断器和接地系统等。其设计旨在确保电力传输的安全和可靠，同时便于维护和检修。

2. 设计特点

模块化设计：现代电缆分支箱采用模块化设计，使安装、维护和扩展更加方便。模块化单元可以根据实际电力需求增加或减少，极大提高了系统的灵活性。

高安全性：箱体通常采用高强度的绝缘材料制成，能有效防止电气事故发生。同时，设计中还考虑到防水、防尘和抗腐蚀等功能，确保在各种环境下都能稳定工作。

易于操作：电缆分支箱设计人性化，操作简便，常配备清晰的操作界面和指示标识，使地下或隐蔽安装的箱体也能容易进行操作和监测。

智能化管理：随着技术的发展，许多电缆分支箱开始集成智能监控系统，如远程监控、故障自动诊断和实时数据传输等。这些智能功能可以帮助运维人员及时发现问题并采取措施，提高电网的管理效率和可靠性。

3. 应用领域

电缆分支箱广泛应用于城市建设中的电力布线，特别是在城市地下电网改造、新建小区或商业区开发等项目中。通过在适宜位置设置分支箱，可以有效地将主电源分配给多个用户或设备，同时简化电力网络结构，降低建设和维护成本。

4. 维护和检修

电缆分支箱的维护相对简单，应定期检查电缆连接和保护装置的状态，确保所有组件都处于良好的工作状态。同时，应定期清理箱体内部，防止灰尘和污物积累可能引起的故障。

总之，电缆分支箱是现代城市电力供应系统中不可或缺的组成部分，其可高效、安全地分配电力，在电力系统中发挥着至关重要的作用。随着技术进步，电缆分支箱的功能将更加多样化和智能化，更好地服务于快速发展的城市电力需求。

五、配电站和箱式变压器

（一）主接线方式及要求

1. 安全性

为确保电力系统的安全运行，必须严格遵循各级电压断路器的安装规范。在高压断路器的电源侧以及可能会有电能反馈的另一侧安装高压隔离开关是必需的。同样，低压断路器的电源侧及可能存在电能反馈的另一侧也需要安装低压刀开关。此外，在配电网络中，如出线柜的母线侧安装负荷开关和高压熔断器时，也需要配备高压隔离开关。

在配电站的高压母线上以及架空线的末端安装避雷器是标准做法，以保护系统免受雷电和其他过电压事件的影响。母线上的避雷器通常与电压互感器共用一组隔离开关，这种配置有助于简化系统设计并降低成本。在避雷器前的线路上通常不需要安装隔离开关，因为避雷器的存在已足以提供必要的保护和控制功能。

通过这些规范的实施，电力系统可以获得更高的操作安全性和可靠性，同时也方便了维护和检修工作的进行。这些措施确保了电力系统在正常运行和异常情况下的稳定性，从而保障了电网和连接设备的安全。

2. 可靠性

可靠和连续的供电是电力系统运营的核心要求。为此，主接线设计必须既简单又可靠，以确保在发生事故或进行检修时仍能保持供电的连续性。此外，接线设计还应考虑到维护的便利性、操作的简便性、经济性以及施工的方便性。

在开展断路器检修工作时，设计应确保此操作不会影响到整个系统的电力供应。同时，在断路器或母线出现故障，或进行母线检修时，系统应尽可能减少受影响的回路数量和缩短停电时间。此外，还必须确保一级负荷和大多数二级负荷的电力供应不受影响。

这样的设计标准确保电力系统在各种情况下都能稳定运行，同时降低意外停电的风险，从而保障关键基础设施和重要业务的持续运作。这种综合性考虑使电力系统设计更具前瞻性和应对多种可能性的能力。

3. 灵活性

主接线的设计灵活性在于其便于倒闸操作、快速处理事故，并且操作技术要求相对较低。在配电站中，通常推荐使用单母线或单母线分段接线方式，这有助于简化结构并提高操作效率。

对于配电站配置两路电源进线和两台主变压器的情况，通常的操作模式是：当两路电源同时供电时，两台主变压器分别独立运行；而在只有一路电源供电的情况下，为了增加供电的可靠性，两台主变压器并联运行。这种配置方式不仅提高了供电的灵活性，还能根据实际供电情况优化变压器的运行效率。

在设计主接线方案时，应充分考虑变压器的经济运行需求，并预留足够的空间以适应未来的网络扩展。这样的考虑确保接线方案不仅满足当前的运行要求，还能适应将来的发展，保障长期的供电安全和可靠性。

4. 经济性

主接线方案的设计应追求简洁性，尽量减少一次设备的数量，特别是高压断路器，同时选用技术成熟且具有高性价比的节能产品。在小区配电站中，通常选择安全、可靠、经济且外观较为美观的成套配电装置，因此配电站的主接线方案需要与选用的成套配电装置的接线方案相匹配。

就柜型而言，固定式是常见选择，但在对供电可靠性有更高要求的场合，可能需要采用手车式或抽屉式设计。对于中小型乡镇配电站，高压少油断路器是一种常用的选择；而在有防火要求、空间有限、与建筑一体化或经济条件较好的情况下，更适合使用真空断路器或 SF_6 断路器。

通常，断路器采用就地控制，且多为手动操作。这适用于三相短路电流不超过 6kA 的场合。若短路电流较大，或需要远程控制和自动控制，应使用电磁或弹簧操作机构。此外，电源进线应设有专用计量柜，其互感器专供计费用电能表使用。

还应考虑在配电站中进行无功功率的现场补偿，以确保在最大负荷时达到规定的功率因数。这种优化接线和布局的方法可以有效减少配电站的占地面积。

随着经济发展和技术进步，远程控制的真空断路器或 SF_6 断路器，以及手车式或抽屉式的成套配电装置的应用越来越普遍，这些技术的采用可以进一步提高电力系统的安全性和经济效率。

（二）箱式变压器

箱式变压器，也被称为箱式变电站或预装式变电站，是一种集成设备，将变压器和高低压开关装备按照特定的结构和接线方式预先组合在一起。这种装置通常包括变压器、多回路高压开关系统、铠装母线、进出线、避雷器和电流互感器等关键电气单元。

箱式变压器的设计具有多项优点：占地面积小，便于安装在空间有限的地区；工厂化的生产方式保证了制造质量，并缩短了施工周期；外观设计美观，能够和周围环境和谐融合；强大的适应性使其能够在多种气候和环境条件下稳定工作；此外，由于其设计的高度集成性，维护工作量相对较小，大大降低了运营成本。

因其诸多优势，箱式变压器被广泛应用于城市和农村的电力分配中，尤其适用于需要快速扩展电网或在城市更新项目中快速替换老旧设备的场景。这种变电站类型在提高电网可靠性和效率方面发挥着重要作用。

第二章　配电自动化系统规划与建设

第一节　配电网自动化规划

一、规划思路和要求

配电网自动化规划应基于地区电网的当前建设情况，并充分考虑配电网与经济社会发展的需求。这一规划过程应借鉴国内外在配电网自动化领域的成功经验，从配电网运营管理的核心需求出发，遵守一、二次设备统筹的规划原则，以确定规划的基本原则和配电网自动化系统的结构。此外，规划还应制定科学的分阶段实施方案和进行投资预估，从而形成一个完整和全面的配电网自动化规划方案。

（一）规划流程

地区需求和趋势分析：明确进行配电网自动化规划和建设的区域，特别是针对经济和电网建设的现状及其发展趋势。

现状评估：详细梳理规划区内的配电网建设状况，包括网架、设备状况、运行状况、供电可靠性、分布式资源及多元负荷接入情况，以及故障处理、主站建设、终端覆盖、通信网络和信息安全的当前状态。

技术原则确定：确立配电网自动化的技术原则，包括配电主站、配电终端和通信设施的规划与建设。

规划方案制订：设计包括故障处理模式、配电主站、配电终端、通信网络、信息交互和信息安全防护等在内的详细自动化规划方案。

项目实施和投资评估：安排实施时间表，评估项目的投资效益，确保规划的经济性和实用性。

（二）配电网自动化规划设计应遵循原则

经济实用原则：根据不同供电区域的可靠性需求，采取差异化技术策略，避免不必要的频繁改造，注重系统功能的实用性，有序投资。

标准设计原则：依据配电网自动化技术标准体系进行设计，确保一、二次设备和系统设计的标准化。

差异化原则：根据城市规模、可靠性需求和目标网架设计不同的故障处理模式和配电自动化设施。

资源共享原则：利用现有的调度自动化系统和其他相关系统，通过标准化的信息交互，实现数据和资源的共享。

同步建设原则：配电网的规划设计与建设改造应同步，确保新建配电网一次设备的选型满足自动化需求，减少后续改造。

安全防护原则：建设满足高安全标准的配电网自动化系统，采用先进的安全防护技术确保系统安全。

通过这样的规划，配电网自动化不仅能满足当前需求，还能预见并适应未来的发展，提高整个配电系统的效率和可靠性。

二、配电主站规划

（一）主站规划原则

配电主站的规划和建设旨在支持智能配电网，注重信息化、自动化和互动化的特性，同时需充分考虑配电网自动化的规模、实施范围、方式及建设周期等关键因素。构建这样的系统应基于一个标准化、通用且具有高可靠性、实用性、安全性、可扩展性和开放性的软硬件平台。

配电主站的规划和部署应依据地区配电网的规模和应用需求，采用“地县一体化”的设计框架。其规模定位应预见至少 3 ～ 5 年后的配电网信息总量，硬件和软件配置根据需求分为大、中、小型，确保满足不同规模的需求。

（二）主站规划方案

1. 软件架构

软件架构在配电网自动化系统中扮演着核心角色，主要由操作系统、支撑平台软件及配电网应用软件三大部分构成。其中，支撑平台核心包括系统信息交换总线和基础服务，而配电网应用软件主要分为配电网运行监控和配电网状态管控两大类应用。

该系统架构遵循“一个支撑平台、两大应用”的设计原则。信息交换总线作为核心枢纽，连接生产控制大区和信息管理大区，确保与各业务系统的数据互通，为应用层提供所需的数据支持和业务流程的技术支持。这种架构设计使配电网的监控与管理更加集中和高效。

“两大应用”即配电网运行监控与配电网状态管控，它们分别服务于电网调度中心和运维检修部门。运行监控应用负责实时监控配电网的运行状态，进行故障检测和响应，以保证电网的稳定运行。状态管控应用关注电网的长期健康和优化，支持维护决策和预防性维护措施的制定，帮助降低故障率和提高服务质量。

这种架构不仅强化了数据和信息流的管理，而且优化了各业务部门的协同工作，提高了配电网自动化系统的整体效能和加快了响应速度。

2. 硬件架构

硬件架构从应用分布上主要分为生产控制大区（Ⅰ区）、信息管理大区（Ⅲ区）。

3. 规模测算

配电主站的软硬件应根据配电网规模和应用需求进行差异化配置，需测算实时信息量确定主站规模。配电网自动化系统实时数据接入点测算由系统实时采集数据，以及通过信息交互获取变电站、配电变压器实时数据两部分构成。

以二进四出的环网柜为例，其典型监测量见表 2-1。

表 2-1 监测量测算表

<table>
<tr><th>序号</th><th>监测对象</th><th>设备名称</th><th colspan="2">信号名称</th><th>监测路数</th><th>监测量</th></tr>
<tr><td>1</td><td rowspan="4">遥信量</td><td>进线开关</td><td colspan="2">断路器位置信号</td><td>2</td><td>2</td></tr>
<tr><td>2</td><td>出线开关</td><td colspan="2">断路器位置信号</td><td>4</td><td>4</td></tr>
<tr><td>3</td><td rowspan="2">其他信号</td><td colspan="2">远方／就地信号</td><td>6</td><td>6</td></tr>
<tr><td>4</td><td colspan="2">故障信号</td><td>6</td><td>6</td></tr>
<tr><td>5</td><td rowspan="8">遥测量</td><td rowspan="4">交流电流量</td><td rowspan="2">进线开关</td><td>三相电流</td><td>2</td><td>6</td></tr>
<tr><td>6</td><td>零序电流</td><td>2</td><td>2</td></tr>
<tr><td>7</td><td rowspan="2">出线开关</td><td>三相电流</td><td>4</td><td>12</td></tr>
<tr><td>8</td><td>零序电流</td><td>4</td><td>4</td></tr>
<tr><td>9</td><td rowspan="2">交流电压量</td><td colspan="2">相电压</td><td>2</td><td>4</td></tr>
<tr><td>10</td><td colspan="2">线电压</td><td>2</td><td>4</td></tr>
<tr><td>11</td><td rowspan="2">直流量</td><td colspan="2">直流电压</td><td>2</td><td>2</td></tr>
<tr><td>12</td><td colspan="2">直流电流</td><td>2</td><td>2</td></tr>
</table>

续表

序号	监测对象	设备名称	信号名称	监测路数	监测量
13	遥控量	进线开关	断路器位置	2	2
14		出线开关	断路器位置	4	4
15		其他信号	遥控软压板	6	6

根据区域内所有实时数据接入点测算的结果总和确定主站规模如下。

①配电网实时信息量在 10 万点以下，宜建设小型主站。

②配电网实时信息量在 10 万～ 50 万点，宜建设中型主站。

③配电网实时信息量在 50 万点以上，宜建设大型主站。

配电主站宜按照地配、县配一体化模式建设，县公司原则上不建设独立主站。对于配电网实时信息量大于 10 万点的县公司，可在当地增加采集处理服务器；对于配电网实时信息量大于 30 万点的县公司，可单独建设主站。

4. 主站功能配置

配电主站的设计应根据配电网自动化的具体需求进行合理配置。在满足基本功能的前提下，可以根据配电网的运行管理需求和建设条件选择适宜的扩展功能。

所有配电主站必须具备的基本功能包括配电 SCADA 系统、模型和图形管理、馈线自动化和拓扑分析（包括拓扑着色、负荷转供和停电分析等），以及与调度自动化系统、地理信息系统（GIS）、功率管理系统（PMS）等交互应用。

此外，配电主站可以根据需要选择的扩展功能有自动成图、操作票管理、状态估计、潮流分析、解合环分析、负荷预测、网络重构、安全运行分析、自愈控制、分布式电源接入控制、经济优化运行等分析应用，以及仿真培训功能。

5. 信息交互方案

配电网自动化系统基于三层体系架构，包括 IEC 61968 标准接口服务器、数据传输总线和信息交换总线，实现与电网 GIS 平台、生产管理系统（PMS2.0）、营销业务系统和调度自动化系统的信息互联互通。

在这一架构中，配电网自动化系统、调度自动化系统、PMS2.0、电网 GIS 平台和营销业务系统等，都通过遵循 IEC 61968 标准接口服务器接入信息总线，确保了系统间的顺畅通信，并满足了信息安全分区的要求。

总线系统分为信息交换总线（管理信息区）和数据传输总线（生产控制区）。

数据传输总线特别支持基于正反向网络安全隔离装置的跨安全区信息交互，并可以根据需要对多套隔离设备进行整合和负载均衡，以优化性能。通过这种设置，配电网自动化的信息交换总线能够通过统一的数据交换平台，高效地与PMS2.0、电网GIS平台和营销业务系统进行数据交换。

配电主站与调度自动化系统、PMS2.0、营销业务系统信息交互内容包括以下方面。

（1）与调度自动化系统交互

①配电主站需要从调度自动化系统中获取高压配电网（包括35kV、110kV、220kV等级）的网络拓扑、变电站的图形表示、相关一次设备的参数以及与这些设备相关的保护信息。

②配电主站可以通过直接采集或通过调度自动化系统转发的数据来获取变电站中10kV/20kV电压等级的设备量测和状态信息，并确保这些信息与电网调度控制系统中的标识牌信息保持同步。

③配电主站通过电网调度控制系统获取的端口阻抗、潮流计算结果和状态估计，为配电网的解合环计算和其他分析应用提供数据支持。

④配电主站具备支持调度技术支持系统的远程访问和调阅功能。

（2）与PMS2.0信息交互

①配电主站需获取中压配电网（6～20kV）的单线图、区域联络图、地理图和网络拓扑信息；同时获取中压配电网相关设备的参数、设备的计划检修信息，以及低压配电网（380V/220V）的设备参数。此外，还需收集公变/专变客户的运行数据、营销数据、客户信息和故障信息。

②配电主站应向生产管理系统（如PMS2.0）等相关系统推送配电网的实时量测数据和馈线自动化的分析计算结果。

③配电主站应具备与配电网通信网络管理系统进行信息交互的功能。

（3）与营销业务系统信息交互

获取营销业务系统用户档案信息、户变关系数据，实现配变运行状态信息、配变准实时信息的共享。

三、配电终端规划

（一）终端规划原则

首先，应基于应用对象的不同选择不同类型的配电终端。

①配电室、环网柜、箱式变电站以及以负荷开关为主的开关站，应选择站所终端（DTU）。

②柱上开关适宜选用馈线终端（FTU）。

③配电变压器适用配变终端（TTU）。

④对于架空线路或不能安装电流互感器的电缆线路，可以选择配备通信功能的故障指示器。

其次，根据不同的供电区域和应用需求进行终端功能配置。

①A+类供电区域应采用双电源供电及备自投功能，通过“三遥”终端快速隔离故障并恢复健全区域供电，以减少用户停电。

②A类供电区域宜配置“三遥”或“二遥”终端。

③B类供电区域主要应使用“二遥”终端，联络开关和特别重要的分段开关可以配置“三遥”终端。

④C类供电区域适合使用“二遥”终端，D类供电区域适宜使用基本型的“二遥”终端（即“二遥”故障指示器）。C、D类供电区域在必要且经过论证后，可考虑配置少量“三遥”终端。

⑤E类供电区域可采用“二遥”故障指示器。

⑥对于那些供电可靠性要求高的重要用户，应根据终端配置原则，适当增强其供电线路的终端配置，并为线路上的其他用户安装用户分界开关。

⑦高故障率的架空支线，在保护延时级差配合条件下，可配置断路器并配备具备本地保护和重合闸功能的“二遥”终端，实现故障支线的快速切除，确保不影响主干线的其他负荷。

各类供电区域配电终端的配置方式见表2-2。

表2-2　配电终端配置方式推荐表

供电区域	供电可靠性目标	终端配置方式
A+	用户年平均停电时间不高于5min	“三遥”
A	用户年平均停电时间不高于52min	“三遥”或“二遥”
B	用户年平均停电时间不高于3h	以“二遥”为主，联络开关和特别重要的分段开关也可配置“三遥”
C	用户年平均停电时间不高于9h	“二遥”
D	用户年平均停电时间不高于15h	基本型（即“二遥”故障指示器）
E	不低于向社会承诺的指标	

（二）终端配置数量计算

影响电网可靠性的主要因素可以分为计划性停电和非计划性故障停电。配电网自动化主要应对故障停电，通过快速定位故障点并将故障限制在较小的区域内，力求尽快恢复那些未受故障影响的区域的供电。这样做的目的是减少受故障影响的停电范围和缩短停电时间。因此，根据故障停电的因素，可以决定在各类供电区域的每条馈线上需要配置的配电终端的数量。

各类供电区域每条馈线上所需安装的“三遥”或“二遥”配电终端数量取决于只计及故障停电因素的用户供电可靠性 A_{set}、故障定位指引下由人工进行故障区域隔离所需时间 t_2、故障修复时长 t_3 以及馈线年故障率 F 。根据网架结构是否满足 N-1 准则，配电终端配置数量有所不同。

1. 网架结构满足 N-1 的情形

当网架结构满足 N-1 准则时，对于全部安装“三遥”终端的情形，假设每条馈线上对 k_3 台分段开关和 1 台联络开关部署“三遥”终端，将馈线分为 k_3+1。个“三遥”分段，为满足 A_{set} 的要求，k_3 应满足：

$$k_3 \geqslant \frac{t_3F}{8760(1-A_{set})}-1(k_3 \geqslant 0) \tag{2-1}$$

对于全部安装“二遥”终端的情形，假设每条馈线上对 k_2 台分段开关和 1 台联络开关部署“二遥”终端，将馈线分为 k_2+1 个“三遥”分段，为满足 A_{set} 的要求，k_2 应满足：

$$k_2 \geqslant \frac{t_3F}{8760(1-A_{set})-t_2F}-1(k_2 \geqslant 1) \tag{2-2}$$

对于“三遥”和“二遥”终端混合安装的情形，假设每条馈线上对 k_3 台分段开关和 1 台联络开关部署“三遥”终端，将馈线分为 k_3+1 个“三遥”分段，再在每个“三遥”分段内对 h 台分段开关部署“二遥”终端，将每个“三遥”分段分为 $h+1$ 个“二遥”分段，为了满足 A_{set} 的要求，在给定 k_3 的条件下，h 应满足：

$$h \geqslant \frac{t_3F}{8760(1-A_{set})(1+k_3)-t_2F}-1(h \geqslant 1) \tag{2-3}$$

在给定 h 的条件下，k_3 应满足：

$$k_3 \geqslant \frac{F\left[(1+h)\ t_2+t_3\right]}{8760(1-A_{set})(1+h)}-1(k_3 \geqslant 0) \tag{2-4}$$

同时有

$$k_2=(k_3+1)\ h \tag{2-5}$$

2. 网架结构不满足 N-1 的情形

当网架结构不满足 N-1 准则时，假设每条馈线上对 k_3 台分段开关部署“三遥”终端，将馈线分为 k_3+1 个“三遥”分段，为满足 A_{set} 的要求，k_3 应满足：

$$k_3 \geqslant \frac{t_3F}{17520(1-A_{set})-t_3F}-1(k_3 \geqslant 0) \tag{2-6}$$

对于全部安装“二遥”终端的情形，假设每条馈线上对 k_2 台分段开关部署“二遥”终端，将馈线分为 k_2+1 个“三遥”分段，为满足 A_{set} 的要求，k_2 应满足：

$$k_2 \geqslant \frac{t_3F}{17520(1-A_{set})-t_3F-2t_2F}-1(k_2 \geqslant 1) \tag{2-7}$$

若主干线采用具有本地保护和重合闸功能的“二遥”终端实现 k_2+1，以在故障处理过程中省去 t_2 时间，为满足 A_{set} 的要求，k_2 应满足：

$$k_2 \geqslant \frac{t_3F}{17520(1-A_{set})-t_3F}-1(k_2 \geqslant 1) \tag{2-8}$$

3. 单条馈线上所需“三遥”或“二遥”终端数量的确定

当馈线采用全“三遥”终端配置或“三遥”和“二遥”终端结合配置方案时，联络开关配置为“三遥”功能；当馈线采用全“二遥”终端配置方案时，联络开关配置为“二遥”功能。根据式（2-1）～式（2-8）计算出每条馈线所需进行“三遥”或“二遥”的分段开关数，也就是所需划分的“三遥”或“二遥”分段数，即可确定每条馈线上所需配置的“三遥”或“二遥”终端的数量。但是在具体确定“三遥”或“二遥”终端的数量时，架空线路和电缆线路存在一些区别。

对于架空线路，由于其每配置 1 台“三遥”（或“二遥”）FTU 通常只能对应 1 台开关，因此若采用全“三遥”或全“二遥”配电终端方案，实际需要的“三遥”（或“二遥”）FTU 的数量应为 k_3+1（或 k_2+1）；若采用“三遥”和“二遥”终端混合方案，实际所需的“三遥”终端数量应为 k_3+1，“二遥”终端数量为 k_2。对于电缆线路，1 台“三遥”（或“二遥”）DTU 一般可以针对多台开关，因此电缆馈线“三遥”或“二遥”DTU 台数应根据由公式计算出的“三遥”或“二遥”分段数并结合 DTU 的实际配置方案来确定。

根据电缆馈线的实际情况，主干线环网柜安装 1 台“三遥”DTU 一般实现 1 个“三遥”分段，当馈线上环网柜的出线较少时，安装 1 台“三遥”DTU 也可实现多个“三遥”分段，并且可同时控制联络开关，如图 2-1（a）所示；分支环网柜可以安装 1 台“三遥”DTU 实现 2 个“三遥”分段，如图 2-1（b）所示。

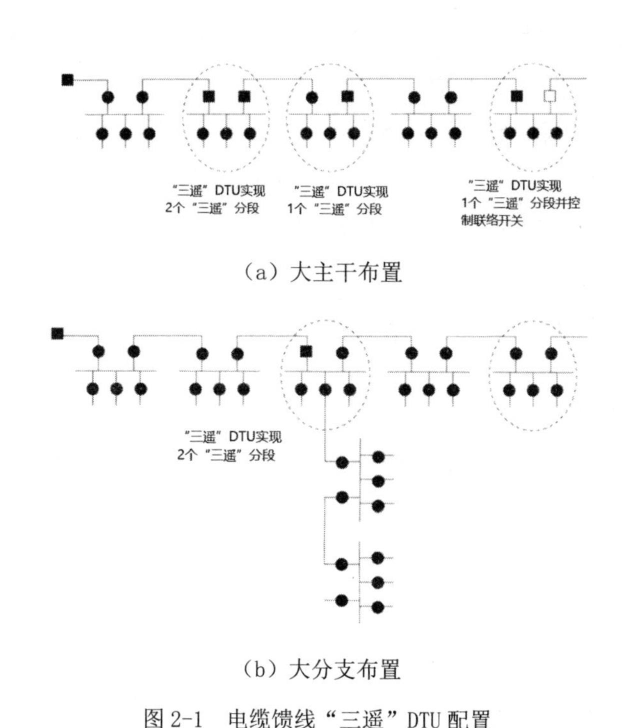

（a）大主干布置

（b）大分支布置

图 2-1　电缆馈线“三遥”DTU 配置

四、配电网通信规划

（一）通信规划原则

在配电网通信系统的规划中，主要关注接入网的设计。这个系统是配电网各种信息传输的关键载体，受到配电网的结构、环境和经济因素的制约。在配电网通信系统的建设和改造过程中，需要考虑的关键因素包括组网技术、网络架构、传输介质及设备选型。这些方面必须与配电网的特性、规模和业务需求相匹配，以确保能够有效支持配电网自动化系统的需求。

配电网通信系统应以安全可靠和经济高效为核心原则，差异化地采用无线公网、无线专网和光纤等多种通信手段，同时充分利用现有的通信资源。

①配电网通信系统应与配电网基础设施的规划和建设同步进行，确保充分利用电力系统的杆塔、排管、电缆等资源。在现有配电自动化需求的基础上，应进行统一规划、分步实施，并适度预见未来的业务和技术发展，以建立完善的配电网通信基础设施。

②配电网通信系统应采用有线和无线的组网模式，推广扁平化网络结构。有线网络主要使用光纤工业以太网，而无线网络可以采用无线公网和专网。无线公网通信应使用专线接入点名称（access point name，APN）或虚拟专用网络（virtual private network，VPN），增强访问控制和数据加密；无线专网应使用国家授权的频率，并采取双向鉴权和安全激活措施。

③接入层的光缆应主要采用环形网络结构，对于无法采用环形网络结构的区域，可以使用链形、树形或星形结构。

④“三遥”终端应通过光纤通信连接，而“二遥”终端则优先采用无线通信方式，且应支持多种数据通信技术。对于条件允许的站所，建议使用光纤通道。在有光缆通过的位置，“二遥”终端也应优先考虑使用光纤。

⑤新建电缆线路应同步配套建设光缆线路，10kV 线路的光缆芯数不应少于 24 芯，而主干线路应为 36 芯以上。

⑥对于需要同时传输配电、用电和视频监控等多种业务的 10kV 站点，在确保电力二次系统安全的前提下，应通过技术经济分析来选择光纤、无线或载波等多种通信方式。

⑦应特别注重配电网通信的网络安全，优化通信网络的配置和管理，优先使用专网通信，而采用公网通信方式时，应加强网络安全防护措施，保障配电网的安全稳定运行。

（二）组网方式

1. 配电网通信光缆网络架构

在建设配电网通信光缆网络时，应以安全高效、灵活可靠为目标，利用现有业务分布、管网资源等，以满足配电网自动化的业务需求。配电网通信接入网的光纤通信技术主要采用工业以太网，该技术优先采用环形网络结构，同时辅以星形和链形结构以适应不同的接入需求。

因此，接入层光缆的布局应以汇聚节点为中心，依据地理位置、道路状况和业务分布情况，将开闭所、开关站、环网柜、箱式变压器、柱上变压器、配电站/室和充电站等各种接入点，通过单归环或双归环结构与汇聚节点连接。对于无法与汇聚节点形成环状结构的接入点，应采用链形、星形或树形结构来实现连接。

2. 采用工业以太网技术的组网方案

当接入设备采用工业以太网交换机时，主要采用环状拓扑结构，并以接入网的汇聚节点为核心进行规划。这样的配置通常涉及开闭所、开关站、环网柜、箱式变压器、柱上变压器、配电站/室、充电站等多种终端设备的地理位置。环形拓扑中的工业以太网交换机通常安置在开关站和开闭所等关键位置，并通过以太网接口与配电终端连接。上行连接的工业以太网交换机通常设置在变电站内，负责收集环上所有通信终端的业务数据，并将数据接入骨干层通信网络。

组网设计的要求如下。

①主要采用环形结构和双归环结构，这些结构应采用无递减配线方式。对于地理位置或其他条件不允许成环的终端，可根据具体的地理分布采用星形、链形或树形结构。在同一环形结构内，节点数目应不超过 20 个。

②在网络设计时，应根据具体需求通过合理配置实现不同环形结构的相切或相交，以支持多种组网方式。这样的设计旨在提高网络的灵活性和扩展性，确保通信网络的稳定性和可靠性。

3. EPON 通信网络

无源光网络（passive optical network，PON）通过使用无源光节点向终端用户传递信号，这种技术的主要优势包括较低的初期投资成本、简单的维护需求、易于进行系统扩展、结构上的灵活性，以及能够充分利用光纤提供的高带宽和优越的传输性能。PON 系统大多设计为能支持多种业务的平台，非常适合用于向全光 IP 网络过渡。

PON 技术有多种不同的细分类型，它们主要在数据链路层和物理层的技术实现上有所区别。其中，以太网无源光网络（ethernet passive optical network，EPON）采用以太网标准在数据链路层上实现，并通过拓展以太网技术增加点到多点的通信功能。EPON 结合了 PON 和以太网技术的优点，如低成本、高带宽、强大的扩展性、快速灵活的服务部署、与现有以太网系统的兼容性以及便捷的管理等。

4. 无线公网建设方案

在配电网自动化网络的建设中，根据各区域的特性及业务需求，可以有效利用运营商现有的无线公网技术（如GPRS/TD-SCDMA、GPRS/WCDMA、CDMA/CDMA2000）结合APN/VPDN技术，提供一个安全的电力数据传输通道。这样的实施还包括应用国网统一的安全策略，通过专用设备进行数据加密，从而实现公司无线通信业务的集约化管理。

配电网自动化的移动虚拟专网通常采用地市级分散的组网方式。鉴于运营商的组网结构通常是总部与省级的两级网络架构，而一些市、区、县级地区无法提供专线服务，因此常常采用通过公网无线服务器进行接入的组网方式。这种方法不仅适应了地方的网络条件，还能满足配电网自动化系统的功能需求。

5. 无线专网建设方案

无线专网技术分为无线窄带专网和无线宽带专网两类。在无线窄带专网中，如230MHz无线电台和Mobitex系统，具有使用电力专用频带、通信延时短等优点，适合突发性数据传输业务。然而，这些系统也存在一些缺点，如易受同频信号干扰、通信速率和网络容量有限。230MHz无线电台主要应用于负荷管理系统。Mobitex作为一种基于蜂窝式分组交换的无线窄带数据通信系统，同样支持电力专用230MHz频段，其传输速率为上下行均为8kbit/s，传输速率较低。

无线宽带专网技术如WiMAX和TD-LTE提供更大的传输容量，支持多媒体通信业务。WiMAX基于IEEE 802.16标准，技术和产业成熟，但在国内尚未获得授权频谱。TD-LTE技术作为一种国内自主知识产权的第四代移动通信标准，利用授权的230MHz频谱资源，为配电网自动化无线专网提供了新的技术选择。TD-LTE具有高频谱效率、灵活的上下行调度能力、承载多样化高宽带服务的能力以及低建网成本等优势。

TD-LTE无线专网由核心网设备、网管平台、无线基站eNB（evolved nodeB）和用户终端设备（customer premise equipment，CPE）组成。核心网设备支持TD-LTE系统的分组核心网（evolved packet core，EPC）和多业务传输平台（multi-Service transport platform，MSTP），提供多种物理接口以实现业务的接入、汇聚和传输。核心网能够处理用户位置管理、网络与业务控制、信令和数据传输等功能，同时提供接入控制、拥塞控制、系统信息广播、无线信道加解扰、移动性管理等服务。该系统还支持基于智能天线、动态信道分配等先进技术，确保网络运行高效。

此外，无线基站 eNB 可采用基带射频分离或一体化架构的 LTE 基站，支持大容量、广覆盖和高吞吐量，满足配电网的业务需求。同时，应开发适应配电网恶劣环境并满足多种业务需求的工业级用户终端设备。这些用户终端设备将配用电业务信息转换为 TD-LTE 信号，通过无线基站和核心网设备实现与配电主站的双工通信。

6. 中压电力线载波通信建设方案

在中压电力线载波通信网络中，通常采用“一主多从”的组网结构。在这种结构中，一个主载波机能连接多个从载波机，通常不建议从载波机数量超过 14 个，以形成一个有效的逻辑网络。主载波机一般安装在变电站或开关站，而从载波机安装在 10kV 配电站 / 室或靠近其他配电设施的位置。

在这种配置下，配电网自动化和用电信息采集终端通过它们所连接的主载波机与配电主站进行通信，确保了信息的有效传输和系统的稳定运行。

（三）通信方式选择

工业以太网、EPON 通信、电力线载波、无线公网、无线专网等通信方式特性对比见表 2-3。

根据实施配电网自动化区域的具体情况选择合适的通信方式。A+ 类供电区域的配电终端以光纤通信方式为主；A、B、C 类供电区域应根据配电终端的配置方式，确定采用光纤、无线或载波通信方式；D、E 类供电区域的配电终端以无线通信方式为主。各类供电区域的配电终端的通信方式选择具体见表 2-4。

表 2-3 配电网自动化常用通信方式特性对比

通信方式	工业以太网	EPON 通信	电力线载波	无线公网	无线专网
传输介质	光缆	光缆	中低压配电线路	空间	空间
传输速率	100Mbit/s 或 1Gbit/s	1.25Gbit/s	1 ～ 90kbit/s	50 ～ 900kbit/s	1kbit/s ～ 9Mbit/s
传输距离	＞ 20km	≤ 20km	＞ 20km	网内不限	基站覆盖范围
可靠性	高	高	高	一般	一般
通信实时性	高	高	低	一般	低

续表

通信方式	工业以太网	EPON 通信	电力线载波	无线公网	无线专网
信息安全性	高	高	较高	低	高
资金投入	高	高	较高	运营成本高	较高
安装维护	不方便	不方便	较方便	方便	方便
抗扰性	高	高	配电网负荷和结构	天气、地形、网络状况	天气、地形

表 2-4　配电终端通信方式推荐表

供电区域	通信方式
A+	以光纤通信为主，试点选择无线专网
A、B、C	根据配电终端的配置方式确定采用光纤、无线或载波通信
D、E	以无线通信为主

在具备光纤资源且对通信可靠性有较高要求的场合，优先考虑使用光纤通信。在多种光纤通信技术中，EPON 技术和光纤工业以太网技术因其与配电网络的良好兼容性和经济效益而成为首选。在“三遥”终端覆盖率高的区域，宜采用 EPON 技术；而在设备级联数较多的线路上，适合使用光纤工业以太网。对于光纤覆盖不到的区域，可以使用电力线载波通信作为替代方案。

对于那些终端数量众多、覆盖面广、实时性要求较低且不需遥控操作的场合，适宜采用无线公网通信方式。

对于无线专网，由于目前还处于试点阶段，但在大型城市的核心区域，考虑到供电可靠性的高要求和配电网自动化的高级规划，同时面对光缆通道缺乏和施工困难等问题，建设无线专网通信是一个可行的选择。这可以为这些区域提供一个稳定可靠的通信解决方案，满足配电网自动化的需求。

第二节 配电自动化系统安装与调试

一、主站安装

（一）作业前准备

1. 软硬件设备准备

在主站安装之前，必须做好一系列的硬件和软件准备。在硬件方面，典型的系统配置包括两台历史服务器、两台前置机、两台实时服务器、两台Web服务器、两台前置交换机、两台实时交换机、一台正向物理隔离装置、一台反向物理隔离装置、多台调度员工作站和维护工作站、磁盘阵列、标准机柜、天文钟以及终端服务器等设备。安装团队还需要准备各种规格的螺钉旋具、压线钳等工具。

在软件方面，需要安装并配置正版操作系统、杀毒软件、办公软件、数据库软件及配电自动化主站系统软件，确保系统的功能性和安全性。这些准备工作是确保主站顺利安装并高效运行的关键步骤。

2. 机房环境选择

设计机房时，必须符合通信标准化要求，涵盖空间、温度、湿度、防静电和排线通道等多个方面。第一，机房应保证电力供应的稳定可靠，并确保交通与通信便捷，环境干净整洁。第二，机房位置需远离可能产生粉尘、油烟、有害气体及存放腐蚀性、易燃、易爆物品的场所。根据标准，空气中大于或等于0.5μm的尘粒浓度应少于18000粒/L。第三，应选址于远离水灾和火灾隐患的安全区域。第四，避免强振源和噪声源的干扰，机房内在设备停机状态下的振动加速度不应超过500mm/s^2，且有人值守区域的噪声应低于65dB。第五，机房应远离强电磁场干扰，无线电干扰场强不超过126dB，磁场干扰场强不超过800A/m，且静电电位不超过1kV。对于位于多层或高层建筑中的机房，应综合考虑设备运输、管线敷设、雷电感应和结构荷载等因素进行位置选择。

机房的使用面积应根据设备数量、尺寸和布置方式来决定，并预留空间以适应未来业务发展。机房布局应考虑到管理、操作、安全、设备运输、散热及维护的需求。产生尘埃的设备应与对尘埃敏感的设备隔离，并可能设置在有隔断的独立区域内。采用前进风/后出风冷却方式的设备应面对面或背对背布置。关于通道与设备间的距离应符合以下标准。

①用于搬运设备的通道宽度不应小于 1.5m。

②面对面布置的机柜或机架之间的最小距离应为 1.2m。

③背对背布置的机柜或机架之间的最小距离应为 1m。

④机柜侧面维修或测试时，机柜之间以及机柜与墙之间的最小距离应为 1.2m。

⑤成行排列的机柜长度超过 6m 时，两端应设有出口通道；若两个出口通道之间的距离超过 15m，应在中间增设出口通道。通道宽度应不小于 1m，部分区域可缩至 0.8m。

3. 机房布置

中配电自动化主站机房是机房的核心区域，其面积至少应为 200m^2，主要用于安置服务器、前置机、光端机、交换机、路由器等关键设备。监控中心装备有 KVM 系统，能远程控制数据中心的设备，并智能监控精密空调、不间断电源（UPS）和监视系统等。存储中心用于放置各种存储介质，如磁盘库和磁带库。备件/工具间用于存放备用品、备件和各类工具。消防器材间配备七氟丙烷灭火气体钢瓶，以确保火灾发生时快速响应。电源间包括配电进线柜、出线柜、UPS 柜和蓄电池等电力供应设备。档案室用于存储重要的档案资料。

（二）作业过程与内容

主站的安装过程涉及硬件布置设计、电源设计、硬件安装及软件部署。具体步骤如下。

1. 硬件布置设计

设计并绘制机房内的布局图，包括通信机柜、前置机柜、实时服务机柜、Web 发布机柜、精密空调和各型工作站的位置。

绘制标准机柜内设备的安装位置以及电源线和通信线的走向图。

2. 电源设计

为服务器、磁盘阵列、终端服务器等关键硬件设备设计双电源系统，确保电源的冗余与稳定性。

3. 硬件安装

在服务器安装位置加固防压底座以增强安全性。

根据设计图纸，将服务器、交换机等硬件设备安装至相应的机柜中。

进行电源线、网络布线和机柜接地线的安装，确保布线紧凑、美观且布局合理。

为各硬件设备分配 IP 地址，并根据其功能进行命名。

4. 软件部署

在前置服务器、实时服务器、历史服务器、Web 服务器、磁盘阵列、调度工作站和维护工作站等设备上安装正版操作系统、办公软件、杀毒软件及成熟的商业数据库软件。

在服务器和工作站上布置主站软件模块，根据硬件设备的设计职能实现功能的分布式部署。

开启设备电源，检查系统安装是否成功，为主站系统的功能和性能调试做好准备工作。

以上步骤确保主站安装的全面性与系统的稳定高效运行。

二、主站调试

（一）主站系统软件调试

调试主站系统软件涉及多个关键部分，包括通道配置、辅助软件功能调试以及主站系统各功能模块的调试。

1. 通道配置

前置通道配置：设置与前置机之间的通信参数。

数据网接入通道配置：确保数据流可以从网络安全地进入系统。

终端服务器通道配置：设置终端服务器与主站之间的连接。

公网前置通道配置：配置通过公网接入的前置通道。

主站系统与 GIS 交互通道配置：确保主站系统可以与地理信息系统（GIS）有效交互。

天文钟通道配置：设置天文钟与主站系统之间的同步。

主站系统与 EMS 调度自动化系统交互通道配置：确保主站系统可以与能源管理系统（EMS）进行数据交换。

2. 辅助软件功能调试

更新和启用杀毒软件，确保系统安全。

数据库连接调试：验证数据库连接的稳定性和数据流的正确性。

新建数据库调试：测试新数据库的创建和初始化功能。

天文钟接入和系统校时调试：确保系统时间的准确性和同步性。

3. 主站系统各功能模块的调试

人机交互体验调试：优化界面设计，提高用户体验。

用户名权限管理与密码设置：确保系统访问的安全性。

主站报警功能调试：验证报警系统的响应时间和准确性。

各功能模块启动调试：检查所有功能模块的启动流程和运行稳定性。

SCADA 功能调试：测试监控和数据采集功能的有效性。

DA 功能调试：验证配电自动化功能的实施和效果。

通过这些详尽的步骤，可以确保主站系统在投入运营前的全面性能和功能达到设计标准，提升系统运行的稳定性和可靠性。

（二）信息交互功能调试

调试主站系统的信息交互功能主要涉及与外部系统接口的测试和验证。这个过程可以分为三个主要部分。

1. 与 EMS 系统的接口调试

调试主站系统与 EMS 系统之间的软接口通信协议，确保通信的准确性和稳定性。

确定和验证数据点对应关系表，保证数据交换的一致性。

进行遥控操作实验，测试系统操作的响应性和可靠性。

2. 与 GIS 系统的接口调试

模型及图形导入接口：进行 GIS 数据接入系统的模型和图形的导入测试。

实时数据交互接口：确保 GIS 系统与主站系统之间的实时数据流畅交互。

异动模型接口：测试系统对 GIS 模型更新的处理能力。

3. 接口具体测试

通用数据采集（geospatial data abstraction，GDA）接口测试。

公用信息模型（common information model，CIM）模型测试。

电网模型的导入与导出测试。

时态数据库（historical spatial data access，HSDA）接口测试。

时态时空数据访问（temporal spatial data access，TSDA）接口测试。

图形编辑系统（graphical editing suite，GES）接口测试。

可缩放矢量图形（scalable vector graphics，SVG）导入与导出测试。

4.Web 发布站点的调试

构建 Web 站点，确保站点的功能完整和界面友好。

调试内网到 Web 数据通过正向物理隔离的通信链路，保证数据的安全传输。

进行 Web 数据通过反向物理隔离向内网的文件传输调试，确保数据完整性和安全性。

Web 实时数据监视调试，确保 Web 界面上的数据实时更新和准确反映。

Web 报表调试，验证报表功能的准确性和响应速度。

通过这些步骤，可以确保主站系统与关键外部系统之间的高效、稳定和安全的信息交互，支持主站系统的全面功能实施和操作。

（三）配电终端接入调试

调试终端接入时，确保通信和操作的安全至关重要，特别是涉及馈线开关设备的停电工作。以下是具体的调试步骤。

1. 配置通信参数

主站调试人员需要在主站前置模块中正确配置馈线终端的通信通道、IP 地址和设备地址等关键信息，确保与终端的通信连接正常。

2. 关联信息点表

在主站系统中，调试人员需关联终端的采集数据，包括遥信（数字输入）、遥测（模拟输入）、遥控（控制指令）和遥调（调节指令）等信息点表，以确保数据的正确采集和处理。

3. 进行功能调试试验

通过主站的人机界面，调试人员将与现场人员密切配合，进行遥信、遥测、遥控和遥调功能的调试试验。在这一过程中，需要仔细检查每项功能是否能正常运行，是否有延迟或数据错误，并确保所有控制指令能准确传达和执行。

在进行以上步骤时，应确保有适当的安全措施，特别是在进行停电操作和功能试验时。安全措施包括但不限于以下几条。

确保所有操作人员都了解具体的操作步骤和应急措施。

使用适当的安全标志和隔离设施明确操作区域。

在停电和调试期间，监控设备和系统的任何异常反应。

调试完成后，彻底检查系统恢复到正常操作状态，确保没有遗留的安全隐患。

这些步骤将有助于确保终端接入调试的顺利进行，同时维护系统和人员的安全。

三、终端安装

（一）作业前准备

在终端安装开始之前，所有安装人员应到达现场。工作负责人需要检查工作人员的着装、个人防护用品以及精神状态，确认一切无误后，方可开始准备安装工作。现场应配备完整的安装相关文件，包括终端设备的安装图、接线图，开关设备的二次接线图，通信设备的安装图和接线图，以及安装作业指导书。所有图纸和资料都必须与现场实际情况相匹配。

工作负责人将带领团队成员对安装位置进行实地勘查，这包括自动化终端设备的安装位置、通信设备的安装位置、一次和二次设备的接线方式、二次接线面板和控制电缆通道等。基于现场情况，制定相应的安全措施。在开工前，需要检查所有工器具和仪器是否符合标准，确保相关材料齐全，保障现场施工的安全性和可靠性。

工作负责人应根据作业内容和性质合理安排工作人员，确保每位工作人员明确自己的任务、进度要求、操作标准、安全注意事项、潜在危险及其控制措施。

终端安装所需的工具包括但不限于：活动扳手、内六角扳手、剥线钳、尖嘴钳、多功能螺丝刀、铁榔头、刀具、万用表、标签机、小型发电机、切割机、检修电源盘和绝缘梯。材料准备应包括绝缘扎带、热缩管、号码标识管、膨胀螺丝、电缆挂牌、控制电缆、电流互感器（TA）、继电器、松香、尼龙绑带、绝缘胶带以及配电站房的一次接线图、设备二次接线图、终端设备说明书和接线图等。这些工具和材料的准备是确保安装过程顺利、安全和高效的关键。

（二）作业过程与内容

1. 开工检查

在施工开始前，终端安装工作人员需对设备及相关资料进行细致的检查以确保安装工作顺利进行。以下是详细的检查流程。

（1）外观和标识检查

仔细检查设备的外观，确保无污渍、损伤，并保持整洁和规整。

确认设备铭牌和标识完整，上面的信息如型号、规格和制造详情应清晰可读。

（2）内部接线和标号检查

审查设备内部的接线，确保所有连线压接牢固可靠。

检查接线端钮，确保无损坏。

确保所有电线和组件的标号完整，标识清晰，以便于安装和未来维护。

（3）技术资料检查

核对技术说明书、合格证、安装设计图纸及出厂试验记录等资料是否齐全。

确保所有文档信息与实际设备相符，以支持正确的安装和调试。

进行仔细的预检可以显著减少安装过程中的错误和延误，确保安装工作按照高标准执行。

2. 终端固定

当设备和所需资料都已准备齐全后，终端安装工作人员可以开始进行终端固定工作。安装过程包括以下几个关键步骤。

（1）固定支架或基础的安装

根据设计图纸指定的位置，准确安装固定支架或基础。确保这些支撑结构稳固可靠，以便安全支撑终端设备。

（2）安装终端箱体或屏柜

将自动化终端的箱体或屏柜牢固地安装在预先设置的支架或基础上。使用适合的固定工具和紧固件确保设备安装牢固。

（3）使用电动工具的安全措施

在使用电动工具时，操作人员应保持适当的距离，避免工具意外启动或其他操作错误造成伤害。确保所有工具在使用前都经过检查，处于良好工作状态。

（4）搬运设备的安全注意事项

在搬运重型设备和工具过程中，应使用适当的搬运设备和技术，以防止滑落或倾倒导致机械伤害。

（5）现场安全措施

在安装现场设置必要的安全障碍或围栏，以隔离工作区域，防止非工作人员进入，确保安装人员和过往人员的安全。

通过这些步骤，终端安装工作人员不仅能够有效地完成设备安装，还能确保整个安装过程的安全性。

3. 控制电缆敷设

在控制电缆敷设过程中，精确执行设计规范和维护高标准的作业质量至关重要。首先，工作人员需要在指定的电缆通道内开始敷设控制电缆。这通常涉及从电缆卷取出所需长度的电缆，并确保在敷设过程中电缆不会被拉伸或扭曲。电缆的选择必须符合项目的技术要求，包括电缆的类型、截面和电缆的绝缘等级，这些都是保证电缆安全运行的关键。

在敷设电缆时，特别注意检查电缆的表皮是否完好无损。任何表皮破损的电缆都不应使用，因为破损可能导致电缆内部的导体暴露，增加短路的风险。这种检查应该在电缆从卷轴解卷之前和敷设过程中不断进行，确保所有敷设的电缆都处于最佳状态。

每敷设完一段电缆后，立即对电缆进行编号，使用号码管或其他标识方式进行标记。这些编号不仅有助于在后期的连接和测试工作中识别每一根电缆，而且有助于未来的维护工作。电缆的编号应根据设计文档中的电缆布线图进行，确保每一根电缆都能准确对应其功能和位置。

其次，电缆敷设完成后，对电缆的两端进行整理，这包括切割电缆使之与接口精确匹配，以及安装电缆端头保护套以防止端头损伤。接下来，使用专用设备（如标签机）打印出电缆的标识牌，这些标识牌上应清晰显示电缆的编号、起点、终点和规格。这些标识牌应牢固地固定在电缆的可见部位，确保在任何需要检查或维护的时候，工作人员都能轻松读取电缆信息。

最后，确保所有敷设的控制电缆都按照安全规范进行固定，避免因电缆松弛或过度弯曲而导致的物理损伤。特别是在电缆接头处，必须保持足够的安全距离，防止电缆与带电体接触。在电缆敷设过程中，还应设置临时安全标志和隔离措施，确保所有施工人员的安全，避免任何由于误操作或设备故障造成的事故。整个过程不仅需要技术上的精确和谨慎，还需要严格遵守安全规程，确保施工过程安全和电缆系统的长期可靠性。

4. 二次回路接线

二次回路接线是电力系统保护、测量和控制设备中一个关键的技术步骤，涉及各种继电保护、仪表以及控制设备的电气连接。这些接线通常涉及低电压信号的传输，因此需要精确和仔细地进行以避免信号干扰或错误动作。进行二次回路接线时，需要准备好接线图和相关的接线资料，确保所有的接线都严格按照电气设计图进行。接线工作应在断电条件下进行，以保证工作人员的安全。接线过程中，使用适当的接线工具和材料至关重要，比如端子、接线端子板、连接线及绝缘材料等，这些都需符合电气标准以确保连接的稳定性和安全性。每条连接线都应标记清楚，以便于日后的维护和故障诊断。此外，所有接线完成后，必须进行系统性的测试，包括绝缘电阻测试和功能测试，以验证回路的正确性和可靠性。这样的测试不仅帮助确认所有设备按照预定功能正常运行，也保证了系统在长期运行中的稳定性和安全性。

5. 安装工艺检查

二次回路安装工艺检查是确保电力系统保护、测量和控制设备正常运行的重要环节。这一检查过程确保所有接线和配置均符合设计规范，并且具备必要的安全性和功能性。二次回路的安装需要特别注意的是精确和细致的接线工作，包括确保每一条电线都按照电气图纸正确连接，没有接线错误或遗漏。安装过程中，每个连接点的接触必须良好，接线端子需牢固，不能有松动现象，电线的剥皮长度和端头处理要适当，确保良好的电气接触且不损伤导体。

在接线完成后，进行绝缘电阻测试是必不可少的步骤，这一测试帮助检测潜在的绝缘问题，防止未来可能出现的短路或漏电事故。除了电气测试，视觉检查也同样重要，这包括检查标签的准确性和清晰度，确保每条线路和设备的标识都清楚明了，便于未来的维护和故障排查。

此外，二次回路的抗干扰能力也需评估，特别是在复杂的电气环境中，接线需要有良好的屏蔽和接地措施，以减少外部电磁干扰对信号的影响。二次回路安装的工艺检查不仅需要技术人员的专业知识，还需要严格按照电力行业的安全标准执行，以确保电力系统的安全稳定运行。这些检查和测试不仅保障了设备的安全性能，还延长了设备的使用寿命，降低了长期运维成本。

6. 安全注意事项

在进行终端安装工作时，确保施工人员的安全是至关重要的，因此采取适当的安全措施和预防危险点的保护策略是必需的。首先，工作人员需要明确电源的位置，以确保在任何时候都能迅速切断电源以应对紧急情况。同时，进行带电作业时，必须对所有带电体进行绝缘遮蔽，使用绝缘材料如绝缘胶带或绝缘罩来隔离带电部分，防止意外触电。

此外，工作人员应使用具备漏电保护和过电流保护功能的电源插座，以预防由于设备故障或操作不当引发的电气安全事故。所有的工具，尤其是金属裸露部分，都应该用绝缘材料包扎好，并保持工具的清洁和干燥，防止因工具受潮而导致的电气短路或漏电。

在电气连接方面，应特别注意不要反接极性，确保电流回路的接线正确无误，避免电压互感器二次回路短路以及电流互感器二次回路开路，这些错误可能导致设备损坏或安全事故。接线工作应严格按照电气原理图进行，不留任何接线遗漏或错误。

四、终端调试

（一）通道接入和测试

调试人员在配置终端设备时需执行一系列精确的步骤以确保设备通信正常和系统稳定运行。首先，他们需要设定终端的通信地址和相关端口。这涉及输入正确的网络参数，如 IP 地址或其他协议特定的地址，以确保设备能在网络中被正确识别。

接下来，配置通信端口时，还需要设置适当的波特率和校验方式。波特率决定了数据传输的速度，而校验方式是为了保证数据传输的准确性而进行的错误检测。这些设置必须与网络其他部分或与终端通信的设备相匹配，以防数据丢失或通信错误。

在这些配置完成后，调试人员应观察终端的收发指示灯。这些指示灯的状态可以显示数据是否在从终端正确发送和接收，这是验证通信链路是否正常工作的直观方式。如果指示灯显示正常，表明信号已经成功上传至调试软件，并且测试通道链路已连通。

此外，调试过程中的一个重要安全措施是避免在带电的情况下拔插电路板或任何接口卡。带电拔插可能导致严重的设备损坏，甚至对调试人员造成电击伤害。因此，在进行任何硬件调整或更换时，必须先关闭电源，确保所有电路都处于断电状态。

总之，调试人员在进行设备配置和测试时，必须严格按照操作规程进行，确保既能有效地完成调试任务，又能保证人员和设备的安全。

（二）遥信及 SOE 功能调试

遥信及事件顺序记录（sequence of event，SOE）调试是终端设备调试过程中的关键步骤，确保系统能准确反映现场开关设备的状态变化及其事件序列。调试人员需要按照严格的步骤操作以确保调试的准确性和系统的可靠性。

1. 配置遥信量地址

调试人员应参照信息点表，为每个遥信量配置正确的地址。这涉及系统内所有相关的开关设备，如断路器、隔离开关等。配置时，每个设备的遥信量（即设备状态的反馈信号，如开或合）都必须分配唯一的地址，这样系统才能准确地识别和记录每个设备的状态变化。

2. 核对遥信点号并进行分合试验

完成遥信量地址配置后，调试人员需要核对每个遥信点的编号是否正确，并进行分合试验。这一步骤要求调试人员激活现场设备，观察并记录设备的分合状态是否与调试软件中收到的遥信量变位一致。此外，SOE 时标的准确性也必须得到验证，SOE 功能是用来记录事件发生的顺序和时间的，对于事故分析和系统监控极为关键。调试人员需要确保系统能够精确地记录下每个事件的时间戳，并且这些时间戳要与实际事件发生的时间紧密对应。

3. 记录遥信调试的项目及试验结果

每次调试活动后，调试人员应详细记录遥信调试的各项内容及试验结果。这包括测试的日期、时间、操作人员、测试的遥信点、测试情况、发现的问题及采取的措施等。这些记录不仅有助于验证当前的系统状态，也为今后的维护和可能的故障排除提供了宝贵的数据。

通过这一系列的调试步骤，调试人员能确保终端设备及其通道接入的准确性和系统的可靠运行，为电力系统的稳定和安全运行提供支持。

（三）遥测功能调试

遥测功能调试是在遥信及 SOE 功能调试完成后的下一个关键步骤，确保系统能够准确测量和反映电气参数如电压、电流等。这些数据对于电力系统的监控和管理至关重要。以下是遥测功能调试的详细步骤。

1. 配置遥测量地址

调试人员需要参考信息点表，为每一个遥测量如电压、电流、功率等分配一个具体的通信地址。这一步保证系统能够识别和处理从各个传感器和设备发来的数据。

2. 配置遥测量转换关系

由于不同设备或传感器可能有不同的输出范围或单位，调试人员需根据互感器的变比等参数设置正确的转换关系。这确保了系统接收到的原始遥测数据能够准确转换为实际的工程值，以反映真实的设备状态。

3. 核对地址和转换关系并进行测试

完成配置后，调试人员需要核对设置的遥测量地址和转换关系是否正确。随后进行实际测试，通过注入已知的电压、电流等测试信号，验证系统接收到的遥测数据是否与施加的测试信号一致。这一步是验证配置正确性和系统功能完整性的关键。

4. 记录遥测调试的项目及试验结果

详细记录遥测调试的过程是必要的，包括测试的遥测点、测试日期、时间、操作人员、测试情况、发现的问题及采取的措施等。这些记录为后续的系统运维和可能的问题诊断提供了重要的历史数据。

5. 注意事项：安全断电

在进行遥测调试，特别是在加压、加流或变更接线的过程中，确保在试验结束时或在需要进行接线调整时，及时断开试验电源。这一措施是防止意外的电气安全风险，确保调试人员和设备的安全。

通过这些系统的步骤，调试人员可以确保遥测功能的准确性和可靠性，从而为电力系统的稳定运行提供支持。

（四）遥控功能调试

在完成遥测功能调试之后，进入遥控功能调试阶段，这是确保电力自动化系统中关键操作功能的可靠性和安全性的重要环节。以下是遥控功能调试的具体步骤。

1. 配置遥控量地址

调试人员应根据信息点表为每一个遥控量如断路器的开关操作等分配唯一的通信地址。这确保每个遥控命令能准确发送到指定的设备。

2. 核对遥控点和执行遥控操作试验

在执行任何遥控操作之前，调试人员需要核对遥控点的编号、遥控对象及其与遥信状态的一致性，确保所有的接线和配置完全正确。接下来，进行遥控操作试验，通过实际操作验证系统是否能准确执行遥控命令，如断路器的分合操作。

3. 处理遥控中的执行问题

如果在遥控试验过程中出现任何执行失败的情况，调试人员必须立即停止试验，仔细分析原因。可能的原因包括通信故障、设备故障或配置错误等。只有在问题被明确并解决之后，才能继续进行调试工作。

4. 记录遥控调试的详细信息

调试过程中的每一个步骤和结果都应详细记录，包括遥控点的信息、试验日期、时间、操作人员、试验情况、遇到的问题及解决措施等。这些记录对于未来系统维护和故障分析非常重要。

通过这一系列的系统化步骤，调试人员可以确保电力自动化系统中的遥控功能正常运作，增强系统的可靠性和安全性，为日后运维提供宝贵的操作和维护数据。

（五）故障报警功能调试

完成遥控功能调试后，调试人员将进行故障报警功能的调试，以确保系统在实际运行中能有效识别和报告故障情况。这个阶段的调试步骤如下。

1. 配置故障信息量地址

调试人员根据信息点表，为各类故障报警如过电流、失压等设置特定的通信地址。这一步骤确保系统能够准确地识别和处理来自不同设备的故障信号。

2. 核对故障信息量点号并进行信号注入测试

在配置完毕后，调试人员需核对每一个故障信息量的点号，确保每个故障信号的配置与预期一致。随后进行实际测试，通过向系统注入模拟的过电流和失压信号，验证系统是否能正确检测并报告这些故障。这一步骤对于确认系统的响应能力和准确性至关重要。

3. 记录故障报警功能调试结果

调试过程中的每个操作、观察到的故障反应和解决任何问题的措施都应详细记录。这包括故障测试的时间、参与的调试人员、测试结果、系统反应时间及其准确性等信息。这些记录不仅有助于验证当前系统的状态，也为未来的系统维护提供了宝贵的数据资源。

通过这些详尽的调试步骤，调试人员可以确保系统在遇到实际故障时能迅速和准确地触发报警，提高系统的可靠性和安全性。

（六）危险点注意事项

在终端调试过程中，确保安全措施的彻底实施对预防事故和保证人员安全至关重要。这些措施包括对信号点、参数和图形的严格核对，以及在物理接线和操作过程中的安全操作指南。以下是一些关键的安全措施，调试人员在操作过程中必须严格遵守。

1. 遥信、遥测、遥控信号点核对

在进行任何测试前，调试人员必须核对所有遥信、遥测和遥控信号点，确保它们与设计文档和系统数据库中记录的一致。另外，还要核对参数和图形，以验证它们的准确性和有效性。

2. 严禁未断电变更试验接线

在进行任何接线或变更之前，必须确保设备已断电，并进行了适当的放电处理。这是为了避免在带电状态下操作，减少触电风险。

3. 遥控试验的前置检查

在执行遥控试验前，调试人员应检查数据库中的遥控点号和遥控序号，并与现场人员进行核对，确保所有操作都在预期控制中。

4. 明确电源位置与绝缘保护

调试人员需明确了解所有电源的具体位置，并采取带电体绝缘遮蔽措施。个人防护装备如绝缘手套、绝缘垫等也必须在操作中正确使用。

5. 使用绝缘工具和安全站位

所有工作人员在进行电气操作时，应使用绝缘工具，并站在绝缘垫上操作，这样可以最大限度地减少电气事故的风险。

通过实施这些细致的安全措施，调试人员不仅可以保护自己的安全，还可以确保调试过程的顺利进行，避免因安全事故导致的设备损坏和生产延误。这些措施是任何高风险操作环境中都必不可少的部分，对于电力系统的调试尤为重要。

五、系统联调

（一）网络拓扑分析与动态着色测试

在主站系统调试过程中，信号注入软件扮演了至关重要的角色，它能够模拟实际电网中的各种情况，从而确保主站系统在实际运行中能够有效应对各种情景。通过这种方式，可以全面检验主站系统的功能和性能，确保系统部署后的稳定性和可靠性。以下是该过程的详细步骤和功能验证。

1. 建立通信连接

调试团队需要使用主站信号注入软件与被测主站建立稳定的通信连接。这一步骤是确保所有信号和指令可以从注入软件顺畅地上传至主站系统，同时也能从主站系统下达到注入软件。

2. 遥控仿真开关设备

在确保通信无误后，调试人员通过注入软件内置的模拟终端来遥控仿真开关设备，实现运行方式的改变。这一操作检验了主站系统在接收到遥控指令时的响应能力及执行效果。

3. 模拟网络拓扑变化

调试团队通过改变注入软件中仿真开关设备的状态，来模拟现实电网拓扑的变化。在这一过程中，主站系统需实时完成网络拓扑分析和动态拓扑着色，验证系统对网络状态变化的实时处理和分析能力。

4. 电网运行状态分析

主站系统应具备进行电网运行状态着色、供电范围及供电半径着色、负荷转供着色、故障指示着色以及电气岛分析等功能。这些功能的测试确认了系统能否准确地分析和显示电网的各种运行情况。

通过这一系列的测试和确认，调试团队能够确保主站系统在面对复杂电网运行和突发事件时，具备必要的处理和响应能力。这不仅提高了系统的操作安全性，还确保了供电的可靠性和效率。此外，系统的成功部署和运行还依赖于持续的监测和定期的维护调整，以应对未来电网发展的需求和挑战。

（二）系统三遥、故障报警、数据上传时延功能测试

在电力系统的环网柜功能测试中，确保环网柜的三遥（遥信、遥测、遥控）及保护功能正常是关键。该测试流程详尽地覆盖了从设备连接到功能验证的各个步骤，以确保系统的正确运行和响应能力。以下是测试流程的步骤和详细概述。

1. 准备阶段

选择特定的环网柜进行测试，确认环网柜的三遥及保护功能已经退出，现场的电流互感器（TA）已经短接，终端的控制电缆已经断开，以确保测试安全进行。

2. 连接测试设备

将环网柜终端的遥测、遥信、遥控端子连接到相应的电参数发生装置、遥控信号发生装置和遥控执行装置的端口上。同时，确保与主站测试人员建立有效的通信连接并核对系统时间，为数据同步提供保障。

3. 信号注入与数据核对

现场信号注入人员通过电参数发生装置向环网柜终端输出电压、电流、频率、有功功率和无功功率的被测量，并记录标准表的测量值及主站系统获取的遥测值。比较这些值，计算系统误差，确保误差在合理范围内。

使用秒表记录信号注入与主站系统接收遥测信号的时间差，判断系统的延时是否在可接受范围内。

4. 遥控功能测试

通过遥控信号发生装置产生变位信息，主站测试人员应验证主站系统是否接收到变位信息，并与现场信号注入人员核对开关变位状态的一致性。

进一步产生连续的 SOE 变位信息，核对主站系统是否接收并正确记录 SOE 事件的数量及时间，确保信息的准确性和完整性。

5. 遥控执行测试

在确认一次设备的遥控输入端子与终端的遥控输出端子断开后，连接遥控端子至遥控执行装置。通知主站测试人员准备好接收遥控指令。

主站系统下发遥控预置命令，待成功预置后下发遥控执行命令，观察遥控执行装置是否接收并执行相应的动作。同时，核对遥控动作后的开关变位信号是否准确上报给主站系统。

6. 故障模拟测试

现场信号注入人员通过电参数发生装置向环网柜终端注入短路电流信号，测试主站系统是否能够记录故障信息并有效地向主站人员发出警告提示。

通过这一系列综合的测试步骤，可以全面地验证环网柜及其与主站之间的通信、控制和故障处理功能，确保电力系统的稳定性和可靠性。

（三）主站纵向安全防护测试

主站纵向安全防护测试是一项重要的安全措施，旨在评估网络系统在内部环境中面对威胁时的应对能力。该测试旨在发现系统中的漏洞和弱点，并采取措施加以修补，以防止恶意行为者利用这些漏洞进行攻击。测试的范围涵盖网络基础设施、数据库、应用程序和操作系统等各个层面，以确保整个系统的安全性。测试过程中，安全专家将模拟各种攻击场景，包括内部员工滥用权限、未经授权的访问、恶意软件感染等，以评估系统对这些威胁的应对情况。通过这些测试，可以及时发现并修复系统中的安全隐患，提高系统的整体安全性和稳定性，保护关键数据和业务不被损害。同时，还可以为未来安全策略的制定提供宝贵的参考和建议，帮助组织建立健全的安全防护体系，应对不断演变的网络安全威胁。

第三节 配电自动化系统验收

一、验收的形式与原则

（一）验收形式

配电自动化是配电网智能化建设的关键环节。为了规范供电企业的配电自动化建设工作，保障项目的顺利实施和有序推进，确保配电自动化系统在配网生产运行管理中发挥应有的作用，各配电自动化项目必须经过上级单位组织的验收，合格后方可进入下一阶段工作。

配电自动化系统的验收分为三种形式，即工厂验收、现场验收和实用化验收。这些验收形式按照时间顺序对同一配电自动化项目依次进行。工厂验收是在系统制造商处进行的，目的是确保系统满足技术规范和设计要求。现场验收则是在实际使用环境下进行的，以验证系统在现场安装和调试后的性能和稳定性。实用化验收则是在系统正式投入使用后进行的，以评估系统在实际运行中的效果和可靠性。

通过这些验收过程，可以全面评估配电自动化系统的性能和可靠性，确保其能够有效地支持配电网的运行和管理工作。同时，也为后续的项目实施提供了重要的参考和保障。

1. 工厂验收

工厂验收（factory acceptance test，FAT）是指在配电主站、配电子站/终端、配电通信通道出厂前，由验收方组织进行的一项验收检验。其目的在于验证系统或设备在工厂模拟测试环境下的功能和性能是否符合验收方项目技术合同、联络会纪要以及其他相关技术规范的具体要求。

2. 现场验收

现场验收（site acceptance test，SAT）是指在配电自动化系统或设备完成现场安装调试并达到试运行条件后，在正式投入试运行前进行的验收检验。其工作内容包括检查配电主站、配电子站/终端、配电通信通道在现场验收环境中的功能和性能。其目的在于验证系统或设备是否符合验收方项目技术合同、联络会纪要以及其他相关技术规范等技术文件的具体要求，并满足实际运行的需求。

3. 实用化验收

实用化验收（utilization acceptance test，UAT）是指在配电自动化系统通过现场验收并完成试运行期后，由上级主管部门组织进行的考核验收。其目的在于全面评估配电自动化系统是否符合实际生产运行的要求。实用化验收应当以 2 年为周期进行复查。

负责配电自动化系统项目各阶段验收组织工作的单位，在具备验收条件后应当及时组织成立相应的验收工作组，包括系统测试组和资料审查组，并立即启动该阶段的验收流程。验收工作组在验收开始前，必须严格审查验收大纲。一旦验收大纲经审批通过，便进入验收流程。在验收过程中，验收工作组必须严格按照验收大纲和验收流程执行该阶段的验收工作，并在验收测试结束后完成验收报告的编制、上报和审批工作。

（二）验收原则

验收的总体原则如下。

配电自动化系统的验收应坚持科学、严谨的工作态度。参与验收测试的人员应具备相应的专业技术水平，使用专业的测试仪器和工具进行验收测试，并做好验收测试记录。

验收工作应按照工厂验收、现场验收、实用化验收三个阶段顺序进行。只有在前一阶段验收合格后，方可进行下一阶段的验收工作。

新建配电自动化系统需在仿真模拟实验平台上进行配电自动化高级功能的仿真验证。扩建与改造的配电子站和配电终端的工厂验收和现场验收可单独进行。

配电自动化系统的验收应包括配电自动化主站、配电自动化终端 / 子站、配电通信、信息交互以及与之配套的配电网络系统和辅助设施等配电自动化各环节的整体验收。

配电自动化通信系统的验收应遵循通信专业相应的技术标准、规范。

配电自动化系统在各阶段验收的内容及流程应严格按照验收规范的具体要求执行。

二、现场验收

（一）验收条件

1. 主站系统

主站系统是配电自动化系统中的核心组成部分，负责对配电网络进行监控、控制和管理。它通常由配电自动化主站软件和相关硬件组成，包括服务器、数据库、通信设备等。主站系统通过与配电终端、子站和其他外部系统进行通信，实时获取电网数据，并根据预设的策略和算法进行数据处理和决策。

主站系统具有多种功能，包括实时监测电网状态、故障检测与定位、远程控制操作、数据存储与分析等。它能够及时响应电网异常情况，采取相应的措施，保障电网的安全稳定运行。此外，主站系统还支持对配电设备的远程维护和管理，提高了电网运维效率和可靠性。

主站系统的设计和建设需要充分考虑电网规模、复杂程度以及安全可靠性等因素。在建设过程中，需要与其他配电自动化系统和外部系统进行接口对接，以确保信息互通畅通。同时，主站系统的运行需要具备高可用性和容错性，以应对各种突发情况。

总之，主站系统在配电自动化系统中扮演着至关重要的角色，是保障电网安全稳定运行的关键之一。通过不断优化和完善主站系统，可以提升电网运行管理水平，实现电力系统的智能化、高效化和可靠化。

2. 终端（子站）装置

终端（子站）装置是配电自动化系统中的重要组成部分，位于配电网络的末端，负责实现对电力设备的监测、控制和数据采集。这些装置通常包括各种传感器、执行器和控制器，通过与配电设备的连接，能够实时获取电网状态信息，并对其进行分析和处理。

终端装置的功能丰富多样，包括对电流、电压、频率等电力参数的实时监测、对电网故障的快速检测与定位、对配电设备的远程控制操作等。通过这些功能，终端装置能够实现对电网的智能化管理和优化控制，提高了电网运行的安全性、可靠性和经济性。

终端装置通常具有分布式的特点，可以根据电网的实际情况进行灵活布置和部署。它们之间通过通信网络进行数据交换和信息传输，与配电自动化主站及其他子站实现信息互通和协同操作，共同实现对电网的全面监控和管理。

在配电自动化系统的建设过程中，终端装置的选择和配置至关重要。合理的选择和配置可以有效地提高系统的运行效率和性能，同时也能够降低系统建设和运维成本。因此，终端装置的设计应考虑到电网的特点、需求以及未来的扩展性，以满足电网运行管理的需求。

综上所述，终端装置作为配电自动化系统中的关键节点，发挥着重要作用。通过不断优化和完善终端装置，可以提高配电自动化系统的智能化水平，实现电力系统的安全稳定运行和高效管理。

（二）验收内容

1. 主站系统

（1）资料文档与设备硬件检查

资料文档与设备硬件检查是配电自动化系统验收过程中的重要环节，旨在确保系统的完整性和可靠性。在这个环节中，验收人员会对系统涉及的各种资料文档和设备硬件进行全面检查和评估。

首先，对于资料文档的检查，包括但不限于技术规范、设计文件、施工图纸、用户手册等。验收人员将会逐项核对这些文档，确保其完整、准确、符合要求，并与实际情况相符。这些文档的准确性和完整性对于系统的后续运行和维护至关重要，因此必须进行严格的检查和确认。

其次，对于设备硬件的检查，验收人员会对系统中的各类硬件设备进行检查和测试，包括主站服务器、配电终端、通信设备等各种硬件设备。验收人员将检查设备的外观完整性、工作状态、性能指标等，并进行相应的测试和验证，以确保其符合技术规范和设计要求。

资料文档与设备硬件检查的目的在于发现并解决可能存在的问题和缺陷，以保障系统的正常运行和稳定性。通过严格的检查和评估，可以及时发现潜在的风险并加以处理，从而确保配电自动化系统的安全可靠性和长期稳定运行。

（2）系统功能验收

系统功能验收是配电自动化系统验收的重要环节之一，旨在确保系统能够按照设计要求和用户需求正常运行，并具备所需的功能和性能。在进行系统功能验收时，验收人员将对系统的各项功能进行全面测试和评估。

首先，系统功能验收涵盖了系统的各项基本功能，如数据采集、实时监测、远程控制等。验收人员会逐一验证这些功能是否按照预期正常工作，包括数据准确性、监测响应速度、控制操作稳定性等方面的检查。

其次，系统功能验收还包括了系统的高级功能和特殊功能的测试。这些功能可能涉及智能化算法、故障自诊断、负荷优化调度等方面，验收人员将会对这些功能进行深入测试，以确保其能够满足用户的实际需求，并在各种情况下都能够可靠运行。

此外，系统功能验收还需要考虑系统的可扩展性和兼容性。验收人员将会测试系统在不同规模和复杂程度下的性能表现，并检查系统与其他相关系统的接口和交互是否正常，以确保系统能够适应未来的扩展和发展需求。

通过系统功能验收，可以全面评估配电自动化系统的功能和性能，发现并解决可能存在的问题和缺陷，保障系统的正常运行和稳定性。同时，也为系统的后续运维和维护提供了重要参考，为用户提供了可靠的电力保障。

2. 终端（子站）装置

验收内容主要分为资料文档与装置结构检查和基本功能检查。

（1）资料文档与设备硬件检查

按照合同设备清单，核查以下内容。

①查看终端出厂随机文件，工程设计图纸齐全；技术协议、技术及验收规范文件齐备；信息表、GIS 图与现场标志及一、二次设备一致。

②终端设备型号、外观、数量。

③终端设备的铭牌及标示。

④屏柜布局、对外所有端子接线、遥测 / 遥控 / 遥信回路接线、绝缘 / 防雷 / 接地安全性能检查。

（2）基本功能检查

①遥测越限告警及上传、变化遥测上送，溢出时保持最大值，不能归零。

②数据分级传送、历史数据自定义存储、事件记录及上报、与主站对时等功能。

③双位置遥信、单点遥信等功能。

④模拟置数检查主站遥控响应时间、检查远方和本地控制与闭锁功能。

⑤供电电源的双路电源自动切换、过电压 / 过电流及低电压保护和监视功能、活化功能。

（三）验收流程

一旦具备现场验收条件，验收方就应启动现场验收程序。现场验收工作小组按照现场验收大纲列出的测试内容逐项进行测试。若在测试过程中发现任何缺陷或偏差，被验收方有权对其进行修改和完善，但修改后必须对所有相关项目重新进行测试。此外，必须进行 72h 的连续运行测试。若验收测试结果表明某设备、软件功能或性能不合格，被验收方须更换不合格的设备或修改不合格的软件，包括对第三方提供的设备或软件。设备更换或软件修改完成后，相关功能及性能测试项目需重新测试，包括 72h 的连续运行测试。

现场验收测试结束后，现场验收工作小组编制现场验收测试报告、偏差及缺陷报告、设备及文件资料核查报告。随后，现场验收组织单位主持召开现场验收会，对测试结果和项目阶段建设成果进行评价，形成现场验收结论。对于存在缺陷的项目，将进行核查并限期整改，整改后需重新验收。现场验收通过后，将进入验收试运行考核期。

三、实用化验收

这里以某供电企业开展的配电自动化系统实用化验收为例，详细论述其验收条件、验收内容、评价标准和质量文件。

（一）验收条件

①配电自动化系统所监测的用电负荷范围必须达到所在区域（行政区）配电网系统装见容量的 50% 以上，且该区域的用电负荷必须在 100MW 以上；实用化验收区域终端覆盖率达到 50% 以上。通信装置、终端装置［包括馈线终端 (FTU)、站所终端 (DTU)、配电变压器监测终端 (TTU)、子站系统等］必须是经检测资质机构检测合格的产品。试点工程可以不作此要求。

②项目已通过现场验收，现场验收中存在的遗留问题已整改。

③配电自动化运维保障机制（如运维机构、运维制度等）已建立并有效开展工作。配电自动化系统已投入试运行六个月以上，并至少有三个月连续完整的运行记录。

④配电自动化系统实用化验收大纲已编制完成并形成正式文本。被验收单位已按大纲完成了实用化自查工作，并编制了自查报告。

（二）验收内容

配电自动化实用化验收包括：验收资料、运维体系、考核指标、实用化应用四个方面。

①验收资料评价内容包括：技术报告、运行报告、用户报告、自查报告、配电自动化设备台账等。

②运维体系评价内容包括：运维制度、职责分工、运维人员、配电自动化缺陷处理响应情况等。

A. 运维制度：明确配电自动化运行管理主体，明确配电自动化缺陷处理响应时间，满足配电网运行管理要求。

B. 职责分工：明确涉及配电自动化系统工作的各部门职责，明确配电自动化主站系统、终端（子站）设备、通信系统等运行维护单位，明确各单位的工作流程及缺陷传递程序。

C. 运维人员：熟悉所管辖或使用设备的结构、性能及操作方法，具备一定的故障分析处理能力。

D. 配电自动化缺陷处理响应情况：满足相关运维管理规范要求以及配网调度运行和生产指挥的要求。

③考核指标评价内容包括：配电终端覆盖率、系统运行指标等。

A. 配电终端覆盖率：不小于建设和改造方案配电终端规模的 95%。

B. 系统运行指标：配电站月平均运行率≥ 99%，配电终端月平均在线率≥ 95%，遥控使用率≥ 90%，遥控成功率≥ 98%，遥信动作正确率≥ 95%。

④实用化应用评价内容包括：基本功能测试、馈线自动化使用情况、数据维护情况、配电线路图完整率等。

A. 基本功能测试：电网主接线及运行工况、电网故障或异常情况下报警、事件顺序记录等功能是否正常。

B. 馈线自动化使用情况：故障时能判断故障区域并提供故障处理的策略是否正确。

C. 数据维护情况：数据维护的准确性、及时性和安全性是否满足配网调度运行和生产指挥的要求。

D. 配电线路图完整率≥ 98%。

（三）评价标准

实用化验收采用评分考核方式。通过验收的条件为：总得分不少于基本分的 90%，分项得分不少于该项基本分的 80%（分项指验收资料、运维体系、考核指标、实用化应用四个分项）。任一验收项的基本要求未通过则认为整个实用化验收未通过。

（四）质量文件

验收前，应由建设单位向验收组递交以下文档资料。

①实用化验收申请报告。

②上级单位关于实用化验收申请报告的批复文件。

③实用化验收自查报告。

④主站系统与终端装置六个月试运行报告。

⑤建设单位项目建设工作总结报告、技术报告，配电自动化系统运行管理

总结报告和用户使用报告。

⑥现场验收报告。

验收后，应由建设单位向验收组递交以下文档资料。

①实用化验收结论。

②实用化验收测试报告。

③实用化验收大纲。

④实用化验收差异汇总报告。

⑤实用化验收设备及文件审查报告（包括各阶段项目建设文件和技术资料）。

第四节 配电自动化系统运行维护与管理

一、总体要求

配电自动化系统运行的总体要求涵盖了多个方面，旨在确保系统能够稳定、可靠地运行，满足电力系统运行管理的需求。首先，系统应具备高度的可靠性和稳定性，能够在各种环境条件下持续稳定运行，保障电力系统的安全运行。其次，系统需要具备灵活的扩展性和可升级性，能够根据电网规模和复杂度的变化灵活调整和升级，以满足未来的发展需求。此外，系统应具备良好的互操作性和兼容性，能够与其他相关系统和设备进行无缝对接和协同工作，实现信息的共享和互通。另外，系统的响应速度和性能指标也是关键考量因素，系统应能够快速准确地响应电网变化，并及时处理和响应各种异常情况。此外，系统运行过程中需要保障数据的安全性和完整性，采取有效的措施防止数据泄露和损坏，确保电网信息安全可靠。总体而言，配电自动化系统的运行要求包括可靠性、稳定性、灵活性、互操作性、性能指标和数据安全等多个方面，只有满足这些要求，系统才能有效地支持电力系统的运行管理工作，保障电网的安全稳定运行。

二、管理职责

（一）配电自动化系统主管部门的职责

配电自动化系统主管部门承担着监督、管理和指导配电自动化系统建设、运行和维护工作的重要职责。其主要职责如下。

制定政策法规：配电自动化系统主管部门负责制定相关政策法规和技术标准，规范配电自动化系统的建设和运行，促进行业健康发展。

审批项目计划：负责审核和批准配电自动化系统的项目计划和规划，确保项目符合国家发展战略和行业规划，合理规划资源配置。

监督建设进展：监督和管理配电自动化系统建设工程的进展，确保工程按照规划和标准进行，及时解决项目建设中的问题和难题。

审核验收结果：负责审核配电自动化系统的验收结果，确保系统建设符合技术要求和用户需求，保障系统安全可靠运行。

维护安全稳定：负责配电自动化系统的安全和稳定运行，监督和管理系统运行状态，及时处理和解决系统运行中出现的问题和故障。

提供指导支持：向地方政府和企业提供配电自动化系统建设和运行管理方面的指导和支持，推动相关工作顺利进行。

开展技术研究：组织开展配电自动化系统技术研究和创新工作，推动技术进步和应用，提升系统性能和效率。

信息发布宣传：负责向社会公众发布配电自动化系统相关信息和技术动态，增强公众对系统建设和运行的了解和认识。

总之，配电自动化系统主管部门在配电自动化系统建设、运行和维护方面发挥着重要作用，是保障电力系统安全稳定运行的重要力量。

（二）配电自动化系统运行维护部门的职责

配电自动化系统运行维护部门是负责确保配电自动化系统持续稳定运行和维护的关键机构。其职责涵盖了以下几个方面。

日常监控运行：负责持续监控配电自动化系统的运行状态，及时发现并解决系统故障和异常情况，确保系统的连续性和稳定性。

故障处理维修：负责及时响应和处理配电自动化系统中的各类故障，包括硬件故障、软件故障等，采取有效的措施迅速修复，最大程度减少系统运行中的停机时间。

定期维护保养：负责制订和实施配电自动化系统的定期维护计划，包括设备检查、清洁、润滑、调整等工作，以确保系统设备的正常运行和寿命的延长。

性能优化调整：负责对配电自动化系统进行性能优化和参数调整，根据实际情况对系统进行调整和改进，以提高系统的运行效率和性能水平。

数据管理备份：负责对配电自动化系统中的重要数据进行管理和备份，确保数据的安全性和完整性，防止数据丢失或损坏。

知识培训交流：负责对配电自动化系统运维人员进行培训和技术交流，提升其技术水平和工作能力，保障系统运维工作顺利进行。

安全管理保障：负责配电自动化系统的安全管理工作，制定并执行安全管理制度和应急预案，确保系统运行过程中的安全性和稳定性。

总之，配电自动化系统运行维护部门的职责是确保配电自动化系统持续稳定、安全地运行，为电力系统的安全稳定提供坚实保障。

三、检验管理

配电自动化系统应按照相应检验规程或技术规定进行检验工作，在自动化设备上进行检验工作，应严格遵守《电业安全工作规程》有关规定，以保证人身和设备的安全。

设备检验分为新安装设备的验收检验和运行中设备的补充检验。

（一）新安装设备的验收检验

新安装的配电自动化设备验收检验、配电自动化系统的安全防护应按有关技术规定进行。

（二）运行中设备的补充检验

运行中设备如有下列情况应补充检验。

①设备经过改进后，或运行软件修改后。

②更换一次设备后。

③运行中发现异常并经处理后。

配电自动化系统有关设备检验前应做充分准备，如图纸资料、备品备件、测试仪器、测试记录、检修工具等均应齐备，明确检验的内容和要求，在批准的时间内完成检验工作。设备检验应采用专用仪器，相关仪器应具备相关检验合格证。

配电自动化系统有关设备检修时，如影响配网调度正常的监视，应退出运行相应的遥控信号，并通知相应设备的调度人员。设备检修完毕后，应通知相应设备的调度人员，经确认无误后方可投入运行。

第三章　配电网自动化主站系统

第一节　主站系统构成与建设模式

一、主站系统构成

配电网自动化主站系统（主站）是配电自动化系统的核心组件，负责采集、处理来自配电网终端（DRTU）的实时运行数据，并为运行人员提供配电网运行监控界面。主站承担着故障信息管理、馈线自动化等高级应用功能，同时向配电生产管理系统（DPMS）等提供配电网实时运行数据。

作为配电自动化系统的“大脑”，主站的性能直接关系到系统的应用效果。因此，其要求安全、可靠、开放、实用。在与其他信息系统连接时，必须确保主站本身的运行不受外部系统的影响。为此，需要采取必要的隔离措施，如安装物理隔离层防火墙等，以有效阻止外部非法用户的访问。此外，主站内部还必须具备软硬件结合的权限管理和相应的规章制度，以防止内部职员错误操作对系统造成不良影响。

综上所述，配电网自动化主站系统在保障配电网运行安全和稳定性方面起着至关重要的作用。其安全性、可靠性和开放性是确保系统正常运行和数据安全的关键。

（一）硬件构成

1. 服务器

配电网自动化系统中的服务器主要包括DSCADA服务器、历史数据服务器、应用服务器、数据采集服务器和Web服务器等，各自承担着不同的功能和任务。这些服务器运行应用服务程序，完成数据采集、存储、计算分析以及服务提供等多项功能。为了保障系统的稳定性和可靠性，通常采用双机、双网冗余配置，并采取多种容错措施，如双CPU、双电源、双风扇等，以满足可靠性和系统性能指标的要求。

DSCADA 服务器：完成数据处理、监视、控制功能，通常采用双机配置，运行主 / 备方式，确保一台服务器故障时另一台自动接替运行，以保证实时数据和 DSCADA 功能的连续性，且服务器或双局域网切换不应导致数据丢失。

历史数据服务器：完成历史数据的存储，可以采用双服务器镜像系统或磁盘阵列（RAID）系统，确保数据的安全性和可靠性，即使主服务器故障，镜像服务器也能接替保存记录，保证系统持续运行。

应用服务器：用于运行高级应用软件，如馈线自动化、潮流分析、故障管理等，通常也采用双机配置，互为备用，以确保应用功能的连续性和稳定性。

数据采集服务器（前置机）：与配电网终端通信，进行数据预处理，降低主服务器负载，功能包括系统时钟同步、通道监视与切换以及数据转发等，具有较高的实时性和可靠性。

Web 服务器：作为主站与供电企业管理信息系统（MIS）接口，接收实时数据，向 MIS 提供配电网运行信息，同时也是 MIS 的组成部分，可通过标准的 Internet 浏览器进行访问，获取配电网运行信息。

综上所述，服务器在配电网自动化系统中扮演着重要角色，其配置和功能设计需充分考虑系统规模和运行需求，以确保系统的稳定运行和数据安全。

2. 工作站

工作站在配电网自动化系统中扮演着重要角色，主要包括配调工作站、维护工作站、报表工作站以及高级应用工作站等，其功能和任务各有侧重，但均用于完成系统的人机交互功能，运行用户界面程序，为系统运行和管理提供支持。

配调工作站：为运行值班人员提供配电网监控人机交互界面，监视电力系统的运行状态，实时监测越限情况并进行报警处理，完成配电网自动化系统的各种操作和调度功能。为了提高操作人员的工作效率和便捷性，配调工作站可支持驱动大屏幕投影仪、动态模拟显示屏或双显示器等多屏显示设备。

维护工作站：用于主站网络管理、通信系统管理、应用进程调试、参数维护等工作。通过工作站的界面显示和信息交换，配电网维护人员可以监视配电网自动化系统的运行状态，管理计算机系统的运行状态，并进行系统参数的维护和调试工作。

报表工作站：完成系统报表管理功能，生成电子报表，并根据需要打印和分发报表，为配电网运行和管理提供数据支持。

高级应用工作站：运行馈线自动化、故障信息管理、网络拓扑分析、状态估计、合环操作、潮流分析、负荷预测、电压无功优化等高级应用软件，完成配电网自动化的高级功能，为电力系统的智能化和优化提供支持。

综上所述，工作站在配电网自动化系统中发挥着不可替代的作用，通过不同类型的工作站，实现了配电网的监控调度、运行维护、数据管理和高级功能应用等多方面的功能需求。

3. 网络设备

网络设备主要包括数据采集交换机、Web 交换机、路由器等，负责系统各计算机设备间的通信连接。配电网自动化主站系统一般采用双网结构。双局域网可工作在主／备方式或负载分担方式，当一条网段故障时，另一条网段应能自动承担所有的网络负载。

4. 时间同步装置

采用 GPS 或北斗系统同步时钟为系统各节点提供统一的标准时间，时间同步装置具备网络对时功能。

（二）软件构成

配电网自动化主站软件系统主要由操作系统、支撑平台软件和应用软件组成。

1. 操作系统

配电网自动化主站系统的操作系统选择尤为关键，需要平衡性、稳定性、易用性等多个因素。目前常见的操作系统主要包括 Unix、Linux 和 Windows 等。

Unix 操作系统因其性能稳定、扩展方便等特点而备受青睐，但其使用复杂、开发工具相对少、各厂家版本不统一等问题限制了其大规模推广。在电力系统中，常见的 Unix 操作系统包括 IBM 的 AIX、惠普的 HP-UX 和 SUN 的 Solaris 等，通常用于重要部门或特别严格的大企业用户。

Linux 操作系统则是近年来兴起的自由共享软件，具有性能稳定、扩展方便等特点，已有厂商开发出基于 Linux 的配电网自动化主站，并在实际工程中得到应用。

Windows 操作系统因其通用性、易学易用等特点而广受欢迎，具有丰富的软件工具和商用软件包供选用，使用方便。Windows XP、Windows 7、Windows

8等系列操作系统都属于Windows系列，尽管其稳定性和可靠性不及Unix和Linux，但其易学易用的特点使其在许多场景下被广泛应用。

在实际应用中，供电企业往往会选择一种可靠性与易用性相结合的折中方案。对于对可靠性要求较高的服务器，可以选择Unix或Linux操作系统；而对于工作站，可以选择通用、易于掌握的Windows操作系统。这样的配置方案既保证了系统的稳定性等性能，又提高了用户的使用便捷性。

2. 支撑平台软件

支撑平台软件是配电网自动化系统中的关键组成部分，负责提供系统运行所需的基础支持和服务。它承担着管理、监控、通信、数据处理等重要功能，为配电网自动化系统的稳定运行和高效管理提供了坚实的基础。

首先，支撑平台软件提供了系统的管理和监控功能。通过支撑平台软件，系统管理员可以对整个配电网自动化系统进行统一管理和监控，包括服务器、工作站、终端设备等各个组件的运行状态、资源利用情况、故障报警等信息，从而及时发现并解决系统运行中的问题，保障系统稳定运行。

其次，支撑平台软件负责系统与外部设备的通信。配电网自动化系统需要与配电网终端设备、监控设备、传感器等进行数据交换和通信，支撑平台软件通过通信协议与这些设备进行连接和数据交互，实现数据采集、监控控制等功能，保证系统与外部设备之间的正常通信和数据传输。

此外，支撑平台软件还承担着数据处理和存储的任务。配电网自动化系统产生的大量数据需要处理、分析和存储，支撑平台软件提供了数据处理的功能，可以对数据进行实时处理、存储和分析，生成历史数据、趋势分析等报表，为用户提供决策支持和数据参考。

最后，支撑平台软件还提供了系统的安全保障功能。它通过权限管理、数据加密、安全审计等手段，保护系统的安全性和数据的完整性，防止未经授权的访问和恶意攻击，确保系统运行安全可靠。

综上所述，支撑平台软件在配电网自动化系统中具有至关重要的作用，它为系统提供了管理、监控、通信、数据处理和安全保障等多方面的支持服务，是配电网自动化系统稳定运行和高效管理的重要保障。

（1）网络管理系统

配电网网络管理系统（distribution network management system，DNMS）是一种专门针对配电网运行管理的信息化系统。其主要功能是实时监测、控制和管理配电网的运行状态，以提高配电网运行的安全性、可靠性和经济性。

DNMS 通常由以下几个主要模块组成。

实时监测模块：用于实时监测配电网的各种参数，如电压、电流、功率等，以及设备的运行状态，如开关、保护设备等。通过这些监测数据，系统可以及时发现配电网的异常情况，并采取相应的措施进行处理。

故障定位与诊断模块：用于对配电网故障进行定位和诊断，快速准确地确定故障位置和原因，以缩短故障恢复时间，提高系统的可靠性和供电质量。

调度控制模块：用于实时监控和控制配电网的运行状态，包括开关操作、负荷调节等，以保障系统的安全稳定运行，并优化配电网的运行性能。

数据分析与优化模块：通过对历史数据的分析和处理，对配电网的运行情况进行评估和优化，提出合理的运行策略和改进措施，以提高系统的经济性和效率。

报警与事件管理模块：用于管理系统产生的报警信息和事件数据，及时向操作人员发送警报，并记录和分析事件数据，为故障分析和后续决策提供支持。

用户界面模块：提供友好的图形化界面，方便操作人员对系统进行监测、控制和管理，实现人机交互功能，提高系统的可用性和易用性。

配电网网络管理系统的应用可以有效提高配电网的运行管理水平，加强对配电网的监控和控制，提高系统的安全性、可靠性和经济性，为用户提供更优质的供电服务。

（2）图形管理系统

配电网图形管理系统（distribution network graphical management system，DNGMS）是一种专门用于管理配电网拓扑结构和电气设备信息的软件系统。其主要功能是以图形化界面的形式展示配电网的拓扑结构和设备信息，方便用户对配电网进行分析、设计、规划和管理。

DNGMS 通常包括以下几个主要模块。

拓扑结构管理模块：用于管理配电网的拓扑结构信息，包括配电线路、变电站、开关设备、负载点等的位置、连接关系和参数信息。用户可以通过该模块查看和编辑配电网的拓扑结构，实现对配电网结构的管理和维护。

设备信息管理模块：用于管理配电网中各种电气设备的详细信息，包括设备的型号、规格、参数、状态等。用户可以通过该模块查看和编辑设备的信息，实现对设备信息的管理和维护。

图形化展示模块：提供图形化界面，以图形的形式展示配电网的拓扑结构和设备信息，包括地图、平面图、示意图等形式。用户可以通过该模块直观地了解配电网的结构和设备信息，方便进行分析和管理。

查询与分析模块：提供查询和分析功能，支持用户根据需要对配电网进行查询和分析，包括设备查询、线路查询、负载分析等功能，以帮助用户更好地了解配电网的运行情况和性能指标。

编辑与规划模块：提供编辑和规划功能，支持用户对配电网进行编辑和规划，包括添加、修改、删除设备、调整线路、负载均衡等操作，以满足配电网的设计和运行需求。

报表与导出模块：提供报表和导出功能，支持用户生成各种报表和图表，并将数据导入其他系统或文件中，以便进一步分析和处理。

通过配电网图形管理系统，用户可以直观地了解配电网的结构和设备信息，方便进行配电网的分析、设计和管理，提高系统的运行效率和管理水平，保障电力供应的安全和可靠。

（3）报表管理系统

配电网报表管理系统（distribution network report management system，DNRMS）是一种专门用于生成、管理和分发配电网相关报表的软件系统。其主要功能是收集、整理和分析配电网运行数据，并生成各种形式的报表，以供决策者、管理者和工程师参考和分析。

该系统通常包括以下功能。

数据收集与整理：系统通过与配电网监测设备、SCADA系统等数据源的连接，实时地收集配电网的运行数据，包括电压、电流、功率、负荷、故障信息等，并进行整理和分类。

报表生成与定制：根据用户的需求，系统能够自动生成各种类型的报表，如日报、周报、月报、年报等，涵盖配电网的运行状态、负荷分布、设备健康状况、故障统计等内容，并支持用户对报表进行定制和调整。

报表分析与展示：系统提供报表分析和展示功能，支持用户对生成的报表进行分析和比较，了解配电网的运行趋势和问题，帮助决策者和管理者及时调整运行策略和管理措施。

报表审核与发布：系统提供报表审核和发布流程，确保报表的准确性和可靠性，同时支持报表的自动化发布和定时更新，以保证相关人员及时获取最新的运行数据和分析结果。

报表导出与共享：系统支持报表数据的导出和共享，用户可以将报表数据导入 Excel 等软件中，方便在其他平台或软件中进行进一步处理和分析，也可以通过邮件、网络共享等方式与其他相关人员进行共享和交流。

通过配电网报表管理系统，用户可以及时获取配电网的运行数据和分析结果，全面了解配电网的运行状况和性能指标，为运营管理和决策提供科学依据，提高配电网的运行效率和管理水平。

（4）安全管理系统

配电网自动化系统在承担电网实时监控任务时的高可靠性和安全性要求至关重要。为了有效防范外部干扰和黑客攻击，系统需要采取一系列完善的安全保障措施。

首先，防火墙是保障系统安全的重要组成部分。它可以对网络流量进行过滤和监控，限制非授权访问和恶意攻击，并且可以设置访问控制策略，保护系统免受未经授权的访问。

其次，物理隔离措施也是至关重要的。通过在系统与外部网络之间设置物理隔离层，如空气隔离、光电隔离等，可以有效防止网络攻击和电磁干扰，提高系统的安全性和稳定性。

3. 应用软件

应用软件是在操作系统和支撑平台的基础上开发的，用于实现配电网自动化应用功能的程序。这些软件包括基本 DSCADA 和高级应用软件。它们通过应用程序接口访问数据库系统中的数据，实现与数据库的数据交互。应用程序与数据库分离的设计可以方便地开发新的应用程序，不必改变数据库的结构。

DSCADA 应用软件主要完成基础的数据采集与监控功能。它包括数据采集、报警处理、事件处理、数据统计、故障追忆等功能。通过实时采集和监控配电网各种参数的数据，DSCADA 应用软件可以帮助运维人员及时发现配电网的异常情况，快速响应并处理。

高级应用软件则以 DSCADA 为支撑平台，进一步完成更加复杂的配电网运行控制功能。这些功能包括馈线自动化（FA）、故障信息管理、网络拓扑分析、状态估计、潮流分析、负荷预测、电压无功优化等。通过这些高级功能，系统可以更加智能地管理配电网，提高电网运行的效率和可靠性，优化供电质量，满足用户的需求。

二、主站系统建设模式

（一）分区建设与集中建设

1. 分区建设模式

分区建设模式是一种配电网自动化项目的建设方式，其中每一个分区建设一套主站来负责该区域内配电网的运行监控，如图 3-1 所示。这种模式具有一些优点和不足之处。

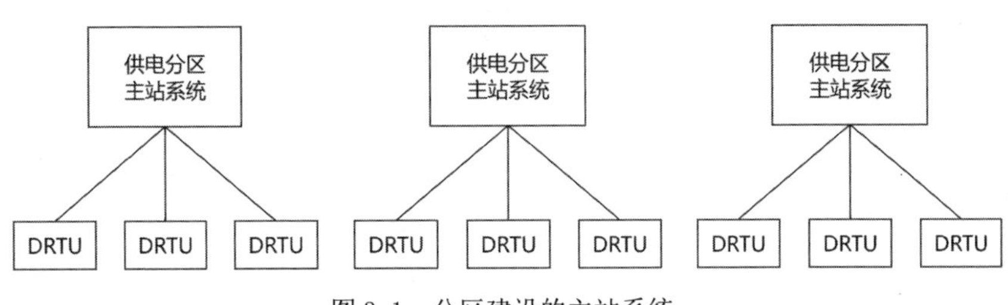

图 3-1　分区建设的主站系统

分区建设模式的优点在于系统规模较小，易于建设和管理。由于每个分区只需建设一套主站，可以降低整体项目的规模和复杂度，减少投资成本和建设周期。同时，由于主站的运行管理部门和本区的运行维护与营销部门在同一个单位内，有利于他们之间的沟通、协调和配合，能够更加及时地处理配电网与自动化系统运行中出现的问题，提高响应效率。

然而，分区建设模式也存在一些不足之处。首先，一个供电企业内需要建设多套系统，这将导致较大的投资和管理维护工作量。其次，由于每个分区的主站是独立运行的，可能会造成系统之间的信息孤岛，降低整体系统的协同性和一致性。另外，在项目运行过程中，如果需要对整个配电网进行跨区域的监控和管理，可能会存在一定的局限性和不便之处。

尽管如此，我国早期配电网自动化项目多采用分区建设模式，而现在一些规模较小的项目也在继续采用这种模式。在实际应用中，需要根据具体项目的规模、需求和资源情况，综合考虑各种因素，选择最合适的建设模式。

2. 集中建设模式

集中建设模式是一种配电网自动化项目的建设方式，其中地（市）级调度所内部署一套主站负责本企业所辖整个配电网的监控，而在各个区的调度所（区调）内设置远程用户终端，供值班人员及时了解本区配电网运行状况，获取调度管理信息，如图 3-2 所示。这种模式具有一些优点和特点。

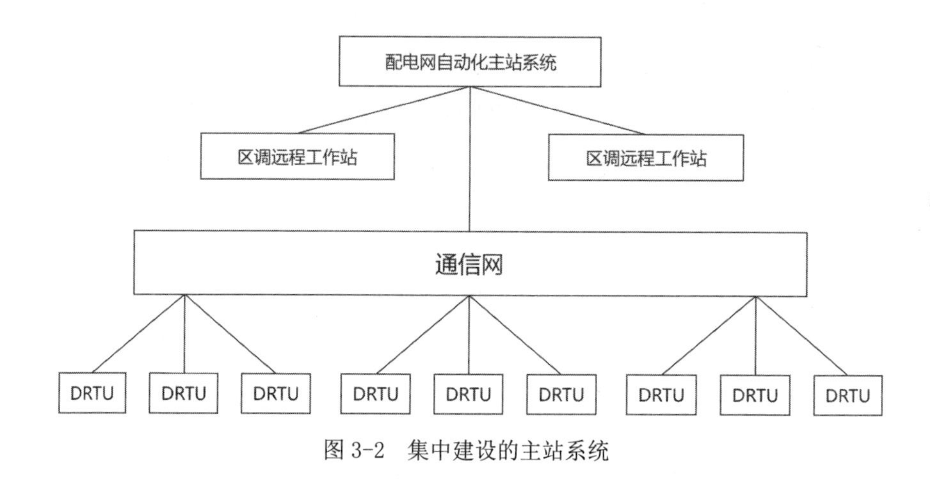

图 3-2　集中建设的主站系统

首先，集中建设模式的优点在于管理人员少，投资相对较少。由于只需在地（市）级调度所内部署一套主站，可以节约系统建设和管理所需的人力资源和资金投入。此外，通过统一部署主站，可以实现配电网各个区域之间的信息共享和统一管理，提高系统的整体运行效率和一致性。

其次，集中建设模式能够实现信息的集中管理和监控。通过在地（市）级调度所内设置主站，可以对整个配电网的运行情况进行集中监控和管理，及时发现并处理各种异常情况，提高配电网的运行可靠性和稳定性。

最后，集中建设模式也有利于实现调度管理信息的及时传递和共享。在各个区的调度所（区调）内设置远程用户终端，值班人员可以随时了解本区配电网的运行状况，获取相关的调度管理信息，帮助他们及时做出决策和调整。

总的来说，集中建设模式在配电网自动化项目中具有一定的优势，能够节约投资、实现信息共享、集中管理和监控，提高配电网的运行效率和管理水平。因此，在一些地区或企业中，这种建设模式被广泛采用和推广。

本着集约化管理、减人增效的原则，目前建设的配电网自动化系统多采用集中建设的模式。如我国东部某沿海城市的配电网自动化系统主站就经历了由分区建设到集中监控的发展过程。该地区包括六个供电分区，先后建设了六个独立的区级主站。随着配电网自动化技术的成熟以及管理水平的提高，且分散在各个供电分区的主站融合在一起，建设集中监控的市级主站，实现统一管理，统一维护。

这种转变符合当前配电网自动化系统建设的趋势和要求。首先，集中建设的模式可以减少重复建设，节约资金和人力资源。通过将分散在不同供电分区的主站合并为市级主站，可以避免多套系统的重复建设，降低建设和维护成本。其次，集中监控能够实现信息共享和统一管理。市级主站可以对整个配电网的运行情况进行集中监控和管理，及时发现并处理各种异常情况，提高运行效率和管理水平。同时，还能够实现调度管理信息的及时传递和共享，帮助值班人员做出及时决策和调整。

总的来说，从分区建设向集中监控的转变是配电网自动化系统建设的一种趋势，能够更好地适应配电网管理的需要，提高运行效率和管理水平，实现集约化管理和减人增效的目标。因此，在未来的配电网自动化项目中，集中建设的模式将会得到更广泛的应用和推广。

（二）配电网自动化系统与DPMS、配电GIS的集成方式

配电网自动化系统（DAS）与配电管理系统（DPMS）以及配电GIS的集成是为了实现配电网的全面监控、管理和优化。这种集成方式能够使配电网运行数据、管理信息和地理信息相互关联，为电力企业提供更加全面和精准的运行管理决策支持。

首先，配电网自动化系统通过实时监测和控制配电网的运行状态和设备情况，采集大量的实时数据，如供电负荷、电压、电流、开关状态等。这些数据可以与DPMS集成，实现实时监控和智能分析，帮助电力企业对配电网的运行情况进行全面评估和预测。DPMS可以对配电网的运行数据进行实时分析和处理，生成各种运行报表、趋势分析图，为电力企业提供运行管理决策的参考依据。

其次，配电GIS是一种以地理信息为基础的信息系统，用于管理和分析配电网的地理数据，包括线路、变压器、开关等设备的地理位置、空间关系等。配电网自动化系统可以将实时的设备状态数据与GIS中的地理信息进行关联，实现“地图+数据”的显示，帮助运行人员直观地了解配电网的实时运行状况和设备分布情况。同时，配电GIS还可以与DPMS集成，将地理信息与运行数据结合起来，实现更加全面和深入的运行管理分析，例如根据地理位置信息进行故障定位和恢复、优化供电方案等。

最后，为实现配电网自动化系统、DPMS和配电GIS的集成，需要建立统一的数据接口和标准化的数据格式，以确保各系统之间的数据交换和共享顺畅且

高效。同时，还需要开发相应的集成软件和算法，实现数据的实时传输、转换和处理，以满足不同系统之间的信息交互和功能衔接需求。这种集成方式可以使配电网管理更加智能化、精细化和高效化，提升配电网的运行可靠性和管理水平。

第二节　主站系统关键技术

一、公共信息模型

公共信息模型（CIM）是一种国际标准，用于描述和交换能源系统（如电力系统）中的信息和数据。CIM 的设计目的是促进能源系统的互操作性和信息交换，使得不同厂商开发的系统能够相互通信和集成，从而实现能源系统的智能化和优化管理。

首先，CIM 提供了一种统一的数据模型和结构，用于描述能源系统中的各种实体（如设备、线路、站点等）以及它们之间的关系和属性。这种统一的数据模型能够帮助各个系统之间实现数据的一致性和标准化，降低数据交换和集成的成本及复杂度。

其次，CIM 定义了一套通用的数据交换格式和协议，用于在不同系统之间进行数据的传输和共享。这些数据交换格式和协议基于标准的可扩展标记语言（XML）或者资源描述框架（RDF），能够实现跨平台、跨系统的数据交换和集成，使得各种系统能够实现互操作性和信息共享。

再次，CIM 还提供了一套通用的数据模型和约束，用于描述能源系统中的各种业务流程和操作规则。这些业务模型和约束能够帮助系统开发人员理解和实现各种能源系统的功能和逻辑，从而实现系统的智能化和优化管理。

最后，CIM 是一个开放的标准，得到了国际电工委员会（IEC）、国际能源组织（IEA）、国标准化组织（ISO）等国际组织的支持和认可。它已经被广泛应用于能源系统的设计、开发和运营中，成为推动能源系统智能化和互联互通的重要技术基础。

总的来说，CIM 是一种重要的国际标准，为能源系统的互操作性和信息交换提供了统一的框架和规范，推动了能源系统的智能化和优化管理。随着能源系统的不断发展和智能化水平的提升，CIM 将发挥越来越重要的作用，促进能源系统的可持续发展和高效运行。

CIM 包所包含的数据模型见表 3-1。

表 3-1 CIM 包所包含的数据模型

包名称		包含的数据模型
核心包	core	所有应用共享的核心电力系统资源（power system resource）和导电设备（conducting equipment）实体，以及这些实体的常见组合
拓扑包	topology	核心包的扩展，它与端子（terminal）类一起建立连接性（connectivity）的模型。此外，它还建立了拓扑（topology）的模型
电网包	wire	核心包与拓扑包的扩展，描述输电网、配电网设备的电气参数信息
停电包	outage	核心包与电网包的扩展，描述当前及计划网络结构的模型
保护包	protection	核心包与电网包的扩展，用于培训仿真的保护设备的模型
测量包	meas	各个应用间交换的动态测量数据的实体
负荷模型包	loadModel	负荷预测用的负荷模型
发电包	generation	包括生产（production）与发电动态（generation dynamics）两个子包。前者定义 AGC 模型，后者定义用于培训仿真的原动机与锅炉模型
域包	domain	量与单位的数据字典，定义可能被其他任何包中任何类使用的属性（特性）的数据类型
能量计划包	wnergy scheduling	发电计划模型
财务包	financial	财务模型
预留包	reservation	
SCADA 包	SCADA	数据采集和控制应用的模型

IEC 61968 对 CIM 模型进行了扩展，增加了面向配电网管理应用的模型。增加的 CIM 包及其所包含的数据模型见表 3-2。

表 3-2　IEC 61968 增加的 CIM 包及其所包含的数据模型

包名称		包含的数据模型
资产包	asset	用于描述配电资产的基本单元，包括资产基本内容（asset basics）、资产工作触发（asset work trigger）、点状资产层次结构（point asset hierarchy）与线状资产层次结构（linear assetHierarchy）4 个子包
用户包	consumer	用于描述用户建模、用户管理、消费与账单
文档包	documentation	用于描述业务文档，包括数据点（data sets package）、文件实例（documentlnheritance package）、运行包（operational package）、停电（outage package）与用户投诉工作票（trouble ticket package）5 个子包
核心包 2	core2	对 IEC 61970 CIM 核心包的扩展，用于描述配电管理功能，包括命名（naming）、域 2（domain 2）、活动记录（activity records）、定位（location）与表示（presentation）5 个子包
作业包	work	与配电网作业有关的模型，包括作业启动（work initiation）、作业设计（work design）、作业标准（work standards）、作业计划（work schedule）、作业结束（work closing）、作业监察维护（work inspection maintenance）与作业服务（work service）7 个子包
ERP 支撑包	ERP_Support	企业管理 ERP 模型

二、软总线与面向服务的架构

（一）软总线与 SOA 简介

软总线（software bus）和面向服务架构（service-oriented architecture，SOA）都是现代软件系统设计和开发中的重要概念，它们在构建灵活、可扩展和易于维护的软件系统方面发挥着关键作用。

软总线是一种用于连接软件组件的通信机制，类似于硬件系统中的总线，但其对象是软件组件之间的通信和数据交换。软总线提供了一种松散耦合的通信模式，允许各个软件组件在系统内部进行灵活的交互和集成。通过消息传递的方式，软件组件之间可以进行异步通信，实现解耦合和灵活性。软总线的优势在于提供了灵活、可扩展和可维护的系统架构，同时能够实现组件的独立开发、测试和部署。

而面向服务架构是一种软件设计和开发范式，其核心概念是将软件系统划分为一组独立的服务，每个服务提供一组特定的功能，并通过标准化的接口进行通信和交互。SOA 强调服务的重用、组合和跨平台互操作，使得系统能够更好地适应不断变化的业务需求。通过面向服务的架构，系统可以实现松散耦合、灵活性和可扩展性，促进了系统的可维护性和复用性。

软总线和 SOA 在某种程度上具有一定的相似性，都强调了系统内部组件之间的松散耦合和灵活交互。然而，二者的关注点和应用场景略有不同。软总线更注重于实现系统内部组件之间的通信和集成，而 SOA 更关注于将系统划分为一组独立的服务，并通过标准化的接口进行通信和交互，从而实现系统内外的服务化、组合和跨平台互操作。

综上所述，软总线和 SOA 都是为了构建灵活、可扩展和易于维护的软件系统而设计的重要技术概念，它们在现代软件开发中发挥着不可替代的作用。通过合理应用软总线和 SOA，可以帮助开发人员构建更加健壮和高效的软件系统。

（二）基于软总线 /SOA 构建配电网自动化主站的软件架构

基于软总线和 SOA 构建配电网自动化主站的软件架构是为了实现系统的灵活性、可扩展性和易维护性。这种架构将系统划分为多个独立的服务，并通过软总线实现这些服务之间的通信和集成。

配电网自动化主站可以被分解为多个功能模块，每个模块对应一个独立的服务。例如，监控服务负责实时监控配电网运行状态，数据采集服务负责从配电终端采集实时数据，报警服务负责监测异常情况并触发报警等。

每个服务都以面向服务的方式设计，具有清晰的接口定义和标准化的通信协议。这些服务可以独立开发、部署和维护，使得系统具有高度的灵活性和可扩展性。同时，每个服务都可以被多个其他服务调用，实现功能的复用和组合。

软总线作为服务之间的通信媒介，负责传递消息和数据，实现服务之间的解耦合。通过软总线，各个服务可以异步地进行通信，不需要直接依赖于彼此的实现细节，从而降低了系统的耦合度，提高了系统的灵活性和可维护性。

配电网自动化主站的软件架构还应该考虑安全性和可靠性。通过合适的安全机制和认证控制，确保只有授权的服务才能访问敏感数据和功能。同时，通过引入容错机制和监控系统，提高系统的容错能力和可靠性，确保系统在面对异常情况时能够正常运行。

总的来说，基于软总线和SOA构建的配电网自动化主站软件架构具有良好的灵活性、可扩展性和易维护性，能够满足不断变化的业务需求，并适应未来的系统扩展和演进。

三、图库模一体化

图库模一体化是指将配电网自动化系统中的GIS与DMS进行集成，实现图形数据与数据库数据的无缝交互和一体化管理。这种一体化的设计理念旨在提高系统的操作效率、数据准确性和功能扩展性。

首先，图库模一体化系统通过将GIS与DMS相互关联，实现了配电网的空间信息和属性信息的统一管理。GIS作为地理信息系统，提供了配电网的地理空间数据，包括线路、变电站、开关等设备的地理位置和拓扑关系；而DMS则管理着配电网的运行数据和设备属性信息，如设备参数、运行状态等。通过将这两者进行一体化集成，系统能够更加准确地反映配电网的实时状态和运行情况。

其次，图库模一体化系统实现了GIS地图与DMS功能的无缝对接。用户可以在GIS地图界面直观地显示配电网的拓扑结构和运行状态，并且可以通过地图交互方式对配电设备进行查询、监控和操作。同时，GIS地图上的操作也可以实时反馈到DMS系统中，更新配电网的运行数据和状态信息，保证数据的一致性和准确性。

最后，图库模一体化系统还提供了丰富的功能扩展和应用场景。通过与GIS系统的集成，DMS系统可以实现更加复杂的空间分析和地理信息展示，例如基于地理位置的故障定位、线路负荷分布分析等。同时，配电网运行人员也可以通过GIS地图界面轻松地进行巡检、计划调度等工作，提高了工作效率和运维管理水平。

总的来说，图库模一体化系统将GIS与DMS进行无缝集成，实现了空间信息与属性信息的统一管理和交互，提高了配电网自动化系统的操作效率、数据准确性和功能扩展性，为配电网的安全稳定运行提供了有力的支持。

第三节 配电网自动化技术在主站系统中的应用

一、配电网数据采集与监控

（一）数据采集与处理

配电网数据采集与处理是配电网自动化系统中至关重要的一环，它负责从配电网各个节点采集实时数据，并对这些数据进行处理、分析和存储，以支持系统的运行监控、故障诊断、优化调度等功能。

配电网数据采集涉及从各个配电设备、终端和传感器中获取数据的过程。这些数据包括电流、电压、功率、频率等实时参数，以及开关状态、设备运行状态等状态信息。采集方式可以通过现场仪器、传感器等实时监测设备进行，也可以通过通信网络从远程设备获取。

采集到的数据需要经过预处理和清洗，确保数据的准确性和完整性。预处理过程可能涉及数据校正、异常值检测、数据压缩等操作，以确保采集到的数据符合系统的要求，并且能够在后续的处理过程中被正确地识别和利用。

将预处理和清洗的数据送入数据处理系统进行进一步的处理和分析。数据处理系统通常由数据存储、数据处理和数据分析等模块组成。数据存储模块负责将采集到的数据存储在数据库或数据仓库中，以供后续的查询和分析使用。数据处理模块负责对数据进行实时处理和计算，例如计算线路负载、功率平衡等指标。数据分析模块则通过统计分析、模型推演等方法，从大量的数据中提取出有价值的信息和规律。

处理完成的数据可以被用于配电网系统的各种功能，如实时监控、故障诊断、负荷预测等。实时监控功能可以通过可视化界面展示配电网的运行状态和实时数据，帮助运行人员及时发现和处理异常情况。故障诊断功能可以通过分析历史数据和运行规律，自动识别和定位配电网中的故障点和问题。负荷预测功能则可以通过历史数据和统计分析，预测未来一段时间内的负荷变化趋势，为配电网的优化调度提供参考。

综上所述，配电网数据采集与处理是配电网自动化系统中的核心环节，它通过采集、处理和分析配电网的实时数据，为系统的运行监控、故障诊断和优化调度等功能提供了可靠的数据支持。

（二）运行监视与事件处理

配电网运行监视与事件处理是配电网自动化系统中的重要功能，旨在实时监测配电网的运行状态，及时发现并处理各类异常事件，确保配电网的安全稳定运行。

配电网运行监视系统通过实时采集配电网各个节点的电流、电压、功率等参数数据，以及设备的开关状态和运行状态等信息，形成配电网的实时运行状态图。监视系统可以采用图形化界面展示配电网的拓扑结构和设备状态，以便运行人员直观地了解配电网的运行情况。

监视系统还能够对配电网的运行参数进行实时监测和分析。通过设定合理的监测阈值和规则，监视系统可以实时检测到各种异常情况，如过载、短路、电压不平衡等，及时发出警报并提示运行人员采取相应的措施。

同时，配电网事件处理系统能够对监测到的各类异常事件进行及时响应和处理。一旦发生异常事件，系统会自动触发相应的应急处理程序，如自动切换备用回路、调整设备运行参数等，以减轻或消除异常事件对配电网的影响。

此外，事件处理系统还能够对事件进行记录和分析，形成事件日志和历史数据，为后续的故障诊断和问题分析提供参考。通过对事件的统计分析，系统可以发现配电网的潜在问题和隐患，为系统的运行优化和改进提供建议。

总的来说，配电网运行监视与事件处理系统是配电网自动化系统中的重要组成部分，它通过实时监测和分析配电网的运行状态，及时发现并处理各类异常事件，保障了配电网的安全稳定运行。同时，系统还能够对事件进行记录和分析，为后续的故障诊断和问题分析提供可靠的数据支持。

（三）控制与调节

配电网控制与调节是配电网自动化系统中的关键功能之一，旨在实现对配电网运行状态的有效管理和调控，以确保配电系统的安全稳定运行，提高电网运行的可靠性和经济性。

配电网控制与调节系统通过监测和分析配电网的实时运行数据，对电网的各个参数进行实时监控和分析。通过控制器、开关设备等控制装置，实现对配电设备的远程控制，包括线路的开关操作、负载的调节等，以保障电网的安全运行。

配电网控制与调节系统还可以根据电网的运行情况和运行需求，自动进行优化调节，实现配电系统的自动化运行。通过智能算法和优化模型，系统可以对电网的负荷分配、电压稳定、频率控制等进行精确调节，以提高电网的运行效率和稳定性。

同时，配电网控制与调节系统还能够实现对配电设备的智能化管理和优化控制。通过与智能终端设备、智能电表等设备的联动，实现对配电设备的远程监测和控制，及时发现和处理设备的故障和异常情况，确保配电系统的安全稳定运行。

此外，系统还能够实现对电网运行的远程监控和遥控操作。运行人员可以通过远程监控终端，实时查看配电网的运行状态和参数数据，进行远程控制和调节操作，以满足不同运行场景下的运行需求。

（四）历史数据记录与统计

配电网历史数据记录与统计是配电网自动化系统中的重要功能之一，旨在对配电网的历史数据进行有效记录、存储和分析，以便后续的数据查询、分析和报告生成。

配电网历史数据记录与统计系统会定期地对配电网的各项数据进行记录和存储，包括电流、电压、功率、负载情况、设备运行状态等数据。这些数据可以按照时间序列进行存储，形成历史数据库，以备后续查询和分析使用。

配电网历史版数据记录与统计系统还可以对历史数据进行统计和分析，生成各种统计报表和图表，反映配电网的运行情况和趋势变化。通过对历史数据的分析，可以发现配电网的运行规律和异常情况，为电网的优化调整和问题解决提供依据。

同时，系统还可以支持用户自定义查询和分析功能，根据用户的需求和关注点，提供灵活的数据查询和分析功能。用户可以根据需要选择特定的时间段、设备类型、运行参数等条件进行数据查询和分析，以满足不同层次和角度的需求。

（五）事故数据记录

配电网事故数据记录是配电网自动化系统中的关键功能，旨在对配电网发生的各类事故进行记录、存储和分析，以便及时排查事故原因，采取有效措施，提高电网的安全可靠性。

配电网事故数据记录系统会对配电网发生的各类事故进行实时监测和识

别，包括线路故障、设备损坏、供电中断等。一旦发生事故，系统会自动记录事故的发生时间、地点、类型、影响范围等关键信息，并将其存储到事故数据库中。

配电网事故数据记录系统会对事故数据进行分析和统计，生成事故报告和趋势分析，帮助用户了解事故发生的规律和趋势，及时发现事故的潜在风险和隐患，采取预防措施和应急处理措施，提高电网的抗灾能力和应急响应能力。

同时，此系统还可以支持用户对事故数据进行查询和检索，提供灵活的查询条件和参数选择，帮助用户快速定位和查找特定时间段、特定类型的事故数据，为事故原因分析和责任追究提供依据。

总的来说，配电网事故数据记录是配电网自动化系统中的重要功能之一，通过对事故数据的记录、存储和分析，可以及时发现和处理事故，提高电网的安全可靠性，保障供电的持续稳定。

（六）分区管理

配电网分区管理是配电网运营中的关键环节，旨在将大规模的配电网络划分为若干个相对独立的分区，以便更好地进行运行管理和故障处理。

首先，配电网分区管理通过对电网进行区域划分，将整个配电系统划分为若干个相对独立的区域，每个区域包括一定范围内的供电设备和用户，形成相对封闭的配电网络单元。

其次，每个分区都配备相应的运行管理人员和设备，负责分区内的电网运行监控、故障处理和维护管理工作。这些运行管理人员可以及时响应分区内的运行问题和故障事件，采取有效措施进行处理，保障分区内的供电可靠性和稳定性。

同时，配电网分区管理还能够提高配电系统的运行灵活性和可维护性。由于每个分区相对独立，因此在处理故障和进行维护时，可以更加精准地定位和处理问题，减少对整个配电系统的影响，提高系统的可靠性和可维护性。

总的来说，配电网分区管理是配电系统运行管理的重要手段之一，通过对电网进行合理的区域划分和管理，可以提高电网的运行效率和可靠性，保障供电的安全稳定。

二、配电网自动化主站系统与其他自动化系统的集成

（一）配电 GIS 与 DPMS

自 20 世纪 70 年代，人们开始使用 Auto CAD 或其他计算机辅助设计软件来绘制配电网接线图，并管理各种电气设备的档案资料，这是早期的自动绘图（automated mapping，AM）和设备管理（facilities management，FM）。随后，GIS 技术迅速发展，通用 GIS 平台应运而生。自 20 世纪 90 年代以来，供电企业纷纷投入大量资源建设各种 GIS 应用，如配电 GIS、输电 GIS 和营销 GIS 等。

利用通用 GIS 平台，配电设备和线路可以按地理坐标和空间位置进行各种处理和管理，开发出更为直观、功能更强大的 AM/FM 系统。这种系统被称为自动绘图 / 设备管理 / 地理信息系统（AM/FM/GIS），简称配电 GIS。其基本功能是以地理背景为基础，实现配电网资源的结构化管理和图形化展示，为供电企业提供配电网图形和空间信息服务。

随着配电 GIS 技术的成熟，逐步开发出了各种扩展应用功能，包括配电生产管理、规划设计管理以及供电可靠性和线损的统计分析等。这些功能逐渐形成了功能完善的配电生产管理系统（DPMS）。配电 GIS 与 DPMS 的结合，为供电企业提供了更为全面、高效的配电网管理解决方案，有助于提高供电系统的运行效率和可靠性。

DPMS 与配电 GIS 之间的联系紧密，通常会将这两个系统紧密集成、一起建设，将配电生产管理作为配电 GIS 的一项应用。为了解决数据来源的唯一性与统一性问题，一些供电企业选择使用一套电力 GIS，实现以地理背景为基础的输配电网设备的管理，并为生产管理、配电网自动化、营销管理等应用系统提供电网设备与网络拓扑信息。

1.GIS 平台

配电 GIS 平台是基于 GIS 技术构建的专门用于管理配电网设备和网络拓扑的系统。该平台以地理背景为基础，将配电网的设备信息与地理空间位置相结合，实现对配电网资源的结构化管理和图形化展示。配电 GIS 平台通常包括以下功能。

设备管理：对配电网的各类设备进行管理，包括变电站、开关设备、线路等，记录其关键属性信息和空间位置。

网络拓扑分析：通过分析电网设备之间的连接关系和拓扑结构，实现电网

的网络拓扑分析，包括支路识别、环路检测等功能。

空间查询与分析：提供空间查询功能，用户可以根据地理位置信息进行设备查询和空间分析，快速定位设备和问题区域。

地图展示与可视化：通过地图展示，直观地展现配电网设备的分布情况和运行状态，支持多种地图显示方式和图层管理。

数据交互与共享：支持与其他系统的数据交互和共享，如DPMS系统、配电自动化系统等，确保数据的一致性和完整性。

智能决策支持：基于地理信息分析和数据挖掘技术，为电力企业提供智能化的决策支持，帮助优化电网规划、运行管理和故障处理等决策过程。

配电GIS平台的建设和应用可以有效提升配电网管理水平，优化运行管理流程，提高供电系统的运行效率和可靠性，是电力企业实现智能化、信息化管理的重要工具之一。

2.DPMS构成

DPMS是用于管理和监控配电网运行的关键系统，通常由多个模块构成，其主要构成包括如下。

数据采集模块：负责从配电网各个设备和监测装置中采集实时数据，包括电压、电流、负荷等运行参数，以及设备状态信息。

数据处理与分析模块：对采集到的数据进行处理和分析，包括数据清洗、质量检查、统计分析等，生成各类报表和指标，为运行决策提供支持。

运行监视模块：实时监视配电网的运行状态，包括设备运行情况、负荷分布、线路状态等，及时发现异常情况并进行报警和处理。

故障管理模块：对配电网的故障信息进行记录、分类和处理，包括故障定位、故障原因分析、故障处理过程跟踪等功能。

规划与优化模块：基于历史数据和预测信息，进行配电网的规划和优化设计，包括负荷预测、电网规划、设备配置优化等。

统计与报表模块：生成各类运行指标报表，包括负荷统计、线损分析、设备利用率等，为管理决策提供数据支持。

用户界面模块：提供友好的用户界面，方便运维人员和管理人员进行系统操作、数据查询和监控，支持多种设备和网络拓扑的图形化展示。

配电网DPMS的构成模块可以根据实际需求进行灵活组合和定制，以满足不同电力企业的管理和运维需求。

3. 配电 GIS 与 DPMS 的主要功能

（1）电气单线图与设备管理功能

电气单线图（electric single-line diagram）是配电系统中常见的重要工程图，它以简化的方式展示了配电系统中各种电气设备之间的连接关系、电气参数和电路拓扑结构。在配电网的设计、运行和维护过程中，电气单线图起到了至关重要的作用。

电气单线图提供了配电系统的整体结构和布局信息。通过电气单线图，工程人员可以清晰地了解各个设备的位置、连接方式和电气参数，有助于进行系统设计和规划。

电气单线图也是配电系统的重要参考资料。在系统运行过程中，工程人员可以根据电气单线图快速定位和识别各种设备，方便进行故障排除、维护和修复工作。

另外，电气单线图还可以用于配电系统的安全管理和事故预防。通过定期更新和维护电气单线图，可以及时发现系统中存在的问题和隐患，采取相应的措施加以解决，确保系统的安全稳定运行。

除了电气单线图，设备管理功能也是配电系统中不可或缺的一部分。设备管理功能主要包括对配电设备的档案信息管理、状态监测和维护保养等方面。

设备管理功能可以对配电系统中的各种设备进行统一的档案管理。通过设备管理系统，可以记录和管理每个设备的基本信息、技术参数、制造厂家、安装位置等数据，为系统的运行和维护提供必要的参考依据。

设备管理功能还可以对设备的运行状态进行实时监测和追踪。通过设备管理系统，工程人员可以随时了解到各个设备的运行状态、工作参数和运行情况，及时发现设备运行异常和故障，并采取相应的措施加以处理。

此外，设备管理功能还可以对设备的维护保养进行有效管理。通过设备管理系统，可以对设备的维护记录、保养计划和维修情况进行跟踪和管理，提高设备的可靠性和使用寿命，确保系统的安全稳定运行。

（2）配电生产管理功能

配电生产管理功能是配电网自动化系统中的重要组成部分，它主要负责对配电生产过程进行监控、调度和管理，以保障电力系统的安全稳定运行和供电质量。这一功能涵盖了多个方面，包括实时监测、故障管理、负荷调度、设备运行状态管理等。

首先，配电生产管理功能通过实时监测系统中的各个设备和线路的运行状态，及时发现并报警处理电力系统中的异常情况，如电压异常、负荷过载、设备故障等，保障电力系统的安全运行。

其次，配电生产管理功能还包括故障管理，即在发生设备故障或电网故障时，及时定位、诊断并采取相应的措施恢复电力供应，减少停电时间，最大限度地提高电力系统的可靠性和稳定性。

再次，配电生产管理功能还涉及负荷调度，即根据电网负荷情况和电力供需平衡的要求，合理调配电力资源，保障电力系统的供电质量和稳定性，同时满足用户的用电需求。

最后，配电生产管理功能还包括对设备运行状态的管理，即通过对设备的运行参数、工作状态和维护情况进行监管和记录，及时发现设备的异常情况并采取预防性维护措施，延长设备的使用寿命，提高设备的可靠性和稳定性。

（3）规划设计管理功能

规划设计管理功能是配电网自动化系统中的重要组成部分，其主要任务是对配电网的规划、设计和建设过程进行全面管理和监控。这一功能涉及配电网的各个方面，包括线路规划、设备选型、工程设计、施工管理等。

首先，规划设计管理功能通过对配电网的线路和设备进行规划，确定电网的布局、容量和覆盖范围，以满足不同地区和用户的用电需求。这包括对电网的需求分析、负荷预测、电源配置等工作，为电网的优化设计提供依据。

其次，规划设计管理功能涉及设备选型，即根据电网规划和设计要求，选择合适的配电设备和材料，包括变压器、开关设备、线路材料等，保证设备的性能和质量，同时考虑成本和可靠性等因素。

再次，规划设计管理功能还包括工程设计，即根据电网规划和设计要求，编制详细的工程设计方案，包括线路走向、设备布置、接线方式等，确保电网的安全可靠运行和经济合理建设。

最后，规划设计管理功能还涉及施工管理，即对电网建设过程进行管理和监督，包括施工进度、质量控制、安全管理等，确保工程按时按质完成，保障电网的建设质量和工程安全。

（二）调度自动化系统

调度自动化系统是电力系统中的关键组成部分，负责监控、控制和管理电力系统的运行。它通过自动化技术、实时数据采集和处理，以及智能算法实现电力系统的实时监测、调度和故障处理，以提高电网的可靠性、稳定性和经济性。

调度自动化系统通常包括以下几个方面的功能。

实时监测与数据采集：调度自动化系统通过实时采集电力系统的运行数据，如电压、电流、频率等参数，监测电网的实时运行状态。

智能分析与预测：系统利用智能算法对采集的数据进行分析和预测，识别潜在的问题和风险，预测电力系统的负荷需求和供电情况，为调度员提供决策支持。

运行调度与控制：调度自动化系统根据实时监测的数据和预测结果，自动进行电力系统的运行调度和控制，如发电机出力的调节、电网设备的开关操作等，以保证电网的安全稳定运行。

故障诊断与处理：系统能够及时识别电力系统中的故障和异常情况，快速定位问题所在，并采取相应的措施进行处理，以最小化故障对电网运行的影响。

通信与联动：调度自动化系统通过与各种电力设备和系统的通信接口，实现与发电厂、变电站、配电网等各个环节的数据交换和联动控制，实现整个电力系统的协调运行。

数据管理与报告输出：系统还负责对采集的数据进行管理、存储和归档，生成各种运行报告和统计分析结果，为电力系统的管理和决策提供必要的信息支持。

调度自动化系统的建设和运行对于保障电力系统的安全稳定运行和提高电网运行效率具有重要意义，是电力系统现代化建设的重要组成部分。

（三）电力营销管理信息系统

1. 客户信息系统

客户信息系统（CIS）是供电企业中的重要组成部分，旨在有效管理客户信息、提供客户服务，并支持企业的运营决策。该系统通常包括以下主要功能。

客户信息管理：CIS 负责收集、存储和管理客户的基本信息，包括客户名称、联系方式、地址、用电信息等。这些信息有助于企业了解客户的需求和用电情况，为提供个性化服务和制定营销策略提供基础数据。

服务请求处理：CIS 支持客户提出的各种服务请求，如新装、停送电、电费查询、账单打印等。系统能够及时记录客户的请求，并将其分配给相应的部门或人员处理，以提高服务响应速度和效率。

账单管理与收费：CIS 负责生成客户的电费账单，并进行管理和归档。系统能够根据客户的用电情况自动生成账单，并支持多种收费方式，如月度账单、预付费、在线支付等，以满足不同客户的需求。

投诉管理：CIS 提供投诉管理功能，支持客户对服务质量或账单等方面提出投诉，并跟踪处理进展。系统能够及时响应客户的投诉，解决问题并及时反馈处理结果，提升客户满意度。

数据分析与报告：CIS 能够对客户数据进行分析和统计，并生成各种报告和分析结果。这些报告可以帮助企业了解客户群体的特征、用电习惯和需求变化趋势，为企业的决策提供数据支持。

安全与权限管理：CIS 实施严格的安全控制措施，保护客户信息的安全和隐私。系统对用户进行权限管理，确保只有经授权的人员能够访问和修改客户信息，防止信息泄露和滥用。

客户信息系统的建设和运营对于供电企业提升客户服务水平、提高运营效率、增强市场竞争力具有重要意义。通过建立完善的 CIS，企业能够更好地了解客户需求、提供个性化服务，提升客户满意度，实现可持续发展。

2. 自动读表系统

自动读表系统是一种用于自动化抄表的解决方案，旨在提高抄表效率、减少人工错误，并实现远程数据采集和管理。该系统通常由硬件设备和软件应用组成。

硬件设备包括智能电表或传感器、数据采集设备和通信模块等。智能电表或传感器安装在用户的电力设备上，用于实时监测电能使用情况并记录数据。数据采集设备负责收集电表或传感器产生的数据，并通过通信模块将数据传输到中心数据库或云端服务器。

软件应用是自动读表系统的核心，包括数据管理软件和远程监控平台。数据管理软件用于接收、存储和处理从硬件设备收集的数据，并对数据进行分析、统计和生成报表，支持实时监测电能使用情况和历史数据查询。远程监控平台允许运维人员远程访问系统，实时监控电能数据、远程配置设备参数和执行控制操作。

自动读表系统的优势如下。

提高抄表效率：实现了自动化数据采集，减少了人工抄表的时间和成本，提高了抄表效率。

减少人工错误：避免了人工抄表中可能出现的错误，确保数据的准确性和可靠性。

远程数据管理：支持远程数据采集和管理，可以随时随地监测电能使用情况，方便运营管理人员及时做出决策。

提升服务水平：通过实时监测电能使用情况和远程故障诊断，能够提供更加精准和及时的服务，提升用户满意度。

自动读表系统已被广泛应用于各种场景，包括住宅、商业建筑、工业厂区等，为电力管理和能源节约提供了重要支持。

3. 负荷管理系统

负荷管理系统是一种用于监测、分析和管理电力系统负荷的系统，旨在实现对电力负荷的精细化管理和优化调控。该系统通常由数据采集、分析处理和决策调度等模块组成，用于实时监测负荷数据、预测负荷需求、制定调度策略以及实施负荷控制。

数据采集模块负责采集电力系统各个节点的负荷数据，包括电力消费量、用电负荷曲线、负荷分布等信息。这些数据可以通过智能电表、传感器等设备实时采集，也可以通过 SCADA 系统、EMS 系统等其他系统获取。

分析处理模块对采集到的负荷数据进行处理和分析，包括负荷预测、负荷分析、负荷曲线绘制等功能。通过建立数学模型和算法，系统可以对未来一段时间内的负荷情况进行预测，并提供相应的预测结果和分析报告。

决策调度模块根据分析处理模块提供的数据和结果，制定相应的负荷调度策略，包括负荷平衡调度、负荷优化调度、负荷峰谷调度等。系统可以根据实际情况进行自动调度，也可以由运营管理人员手动进行调度操作。

负荷管理系统的优势如下。

提高电网利用率：通过对负荷数据进行精细化管理和调度，系统可以提高电网的利用率，减少能源浪费。

优化供电服务：系统能够根据用户需求和电力供应情况，合理调配电力资源，提高供电服务的质量和稳定性。

实现节能减排：通过负荷平衡调度和负荷优化控制，系统可以实现能源的有效利用，降低能源消耗，减少环境污染。

提升电网安全性：系统可以对电网负荷进行实时监测和预测，及时发现和处理潜在的负荷过载和故障，保障电网的安全稳定运行。

负荷管理系统已被广泛应用于电力系统调度、供电企业运营管理等领域，为电力行业的发展和现代化建设提供了重要支撑。

（四）配电网自动化系统与其他自动化系统之间的信息交换关系

配电网自动化系统在提高供电可靠性和用户满意度方面发挥了重要作用，但要实现更全面的配电自动化建设目标，需要充分考虑配电网管理的多方面需求，并将各类自动化与信息管理系统进行统一平台集成。这种集成可以使配电网运行管理更加高效和便捷，提高整体管理水平，同时为配电企业提供更好的服务。

用户停电管理是其中的一个关键业务需求，通过集成用户停电信息与配电网自动化系统，可以实现对停电事件的快速响应和管理，提高用户满意度。可靠性管理方面，整合故障抢修系统和配电网自动化系统，可以实现对故障的及时定位和修复，从而缩短故障停电时间，提高供电可靠性。

线损分析是另一个重要的业务需求，通过集成配电网自动化系统与线损分析系统，可以实现对电网线损情况的实时监测和分析，帮助企业找出线损问题的根源并采取相应措施进行改善。

此外，还需要考虑配电网管理中的其他业务需求，如计划管理、资源调度、设备维护等，将这些需求与配电网自动化系统进行集成，形成一个统一的信息管理平台，可以提高配电网运行管理的综合水平，为企业的可持续发展提供支撑。

因此，配电网自动化系统与其他自动化与信息管理系统的集成是配电自动化建设的重要环节，只有充分利用各系统的信息资源并实现信息的共享与交互，才能更好地实现配电网管理的各项业务目标。

各个自动化系统间信息交换关系如下。

这些信息交换关系的建立是配电网自动化系统与其他系统紧密合作的体现，有助于实现更高效的配电网管理和运行。下面分别说明各个信息交换关系的重要性和作用。

配电网自动化系统与 EMS：通过从 EMS 获取变电站的关键信息，如压开关测量与保护状态，配电网自动化系统可以实现对馈线的运行监控和自动化控制。这种信息交换确保了配电网的稳定运行和故障快速响应。

配电网自动化系统与配电 GIS 和 DPMS：从配电 GIS 获取设备属性和拓扑数据，以及从 DPMS 获取实时运行数据和故障信息，使得配电网自动化系统能够准确地进行运行监控和故障处理，提高了配电网的可靠性和运行效率。

配电网自动化系统与营销管理系统：通过与营销管理系统的信息交换，配电网自动化系统可以获取公共配电变压器和大用户负荷的运行信息，从而实现对配电网的全景实时监控，为供电企业提供更优质的服务。

配电 GIS 和 DPMS 与营销管理系统：信息交换可以帮助营销管理系统获取配电网运行状态和停电信息，从而进行线损分析和故障处理，为供电企业提供更好的运行管理和客户服务。

CIS 与配电 GIS：CIS 通过获取用户的位置信息和配电网接线信息，能够更好地管理用户的负荷信息和停电信息，为供电企业提供更加精准和及时的客户服务。

DPMS 与 LM 系统、AMR 系统、TCM 系统：这些系统之间的信息交换可以帮助评估停电范围和故障位置，加快故障处理的进展，提高供电可靠性和用户满意度。

总的来说，这些信息交换关系的建立和维护，有助于实现配电网自动化系统与其他系统之间的高效协作，提升供电企业的管理水平和服务质量。

（五）供电企业信息集成总线

供电企业信息集成总线是一种基于软件技术的集成平台，旨在实现不同系统之间的信息交换和共享。该总线通过标准化的接口和通信协议，将各个系统之间的数据和功能整合在一起，实现了跨系统的数据流动和业务流程的协同。它可以连接配电网自动化系统、配电 GIS、营销管理系统、负荷管理系统等各种信息系统，构建起一个统一的数据交换平台。

供电企业信息集成总线的主要功能如下。

数据整合和共享：通过集成总线，不同系统之间的数据可以被统一管理和共享，避免了数据孤岛和重复录入的问题，提高了数据的一致性和准确性。

业务流程协同：集成总线可以实现跨系统的业务流程协同，使不同系统之间的业务流程能够无缝衔接，提高了业务处理的效率和质量。

接口标准化：总线定义了统一的接口标准和通信协议，使各个系统之间的接口开发和维护变得简单和规范，降低了系统集成的成本和风险。

数据安全和权限管理：总线提供了严格的数据安全机制和权限管理功能，保护了系统数据的安全性和隐私性，确保了系统的稳定运行和合规性。

综上所述，供电企业信息集成总线是一个关键的技术平台，能够促进供电企业各个信息系统之间的协作和集成，提高了企业的管理水平和服务能力。

三、配电网自动化系统网络安全防护技术

（一）控制中心网络安全防护技术

控制中心网络安全防护技术是指为了保障控制中心网络系统的安全性而采取的各种技术手段和措施。其主要目的是防止网络系统遭受恶意攻击、病毒侵入、数据泄露等安全威胁，确保控制中心网络的稳定运行和数据的机密性、完整性、可用性。

这些防护技术包括但不限于以下内容。

防火墙。设置在网络边界，监控网络流量并根据设定的规则筛选、过滤、阻挡不明来源的数据包，防止恶意攻击和未经授权的访问。

入侵检测系统（IDS）和入侵防御系统（IPS）。监控网络流量和系统日志，及时识别和阻止潜在的入侵行为，保护网络系统的安全。

数据加密。对敏感数据进行加密处理，确保数据在传输和存储过程中不被窃取或篡改。

身份认证与访问控制。采用密码、双因素认证等方式验证用户身份，并根据权限设置不同的访问权限，限制用户对系统资源的访问。

安全更新和补丁管理。及时更新系统软件和补丁，修补已知的漏洞和安全隐患，提升系统的抵御能力。

安全审计与监控。记录和分析网络活动、访问日志和安全事件，及时发现异常行为和安全威胁，加强对网络安全的监控和管理。

综上所述，控制中心网络安全防护技术是多层次、多方面的综合安全防护措施，通过综合运用各种技术手段，保障控制中心网络系统的安全性和稳定性。

（二）配电网终端安全防护技术

配电网终端安全防护技术旨在保护配电网终端设备免受恶意攻击、病毒感染、未授权访问等安全威胁的影响，确保其正常运行和数据的安全性。这些技术包括但不限于以下内容。

物理安全措施。采用安全锁、防水防尘外壳等物理装置保护终端设备免受物理损害和盗窃。

密码保护。设置强密码和密钥，确保只有经过授权的人员可以访问终端设备，防止未经授权的访问。

防火墙和入侵检测系统。在终端设备上部署防火墙和入侵检测系统，监控网络流量，及时识别并阻止潜在的入侵行为。

安全更新和补丁管理。定期更新终端设备上的操作系统和软件程序，并及时应用安全补丁，修补已知的漏洞和安全隐患。

加密通信。采用加密通信协议和技术，保护终端设备与其他系统之间的通信数据的机密性，防止数据被窃取或被篡改。

安全审计与监控。记录和分析终端设备的操作日志和安全事件，监控设备的运行状态和网络活动，及时发现异常行为和安全威胁。

身份认证与访问控制。采用身份认证技术和访问控制策略，限制用户对终端设备的访问权限，确保只有授权人员可以进行操作和管理。

通过综合运用这些安全防护技术，配电网终端设备能够有效地抵御各种安全威胁，保障其安全运行和数据的完整性、机密性和可用性。

第四章　配电网自动化数据通信

第一节　数据通信系统的组成与性能指标

一、数据通信系统的基本组成

（一）数据通信系统是软硬件的结合体

数据通信是指在数字、字母或其组合的形式下，通过某种传输介质进行信息的交换和传递的过程。在配电网中，数据通信涉及与配电网运行密切相关的各种数值、状态和指令的传输，如分闸状态、线路状态，以及电压、电流等参数的传递。

配电网自动化数据通信系统的核心是配电主站的前置机和配电终端之间的数据交换。这些设备通过特定的通信协议和编码格式，在配电网中准确地传输数据，以实现测量、控制、监视和操作等功能。数据通信系统通常由发送设备、接收设备、传输介质、传输报文和通信协议等组成。

数据通信技术在配电网自动化系统中起着关键作用，可确保数据的准确性、及时性和完整性。它不仅实现了配电网各节点之间的信息交换，还提供了基础设施支持，以实现配电网的智能化管理和运行优化。因此，数据通信系统的设计和运行对于配电网自动化的有效实施至关重要。

图 4-1 所示为配电网自动化数据通信系统示例。在该示例中，发送设备是电能表，它通过传输介质（连接电缆）将电能量值发送给接收设备公变采集终端。传输的报文内容即为电能量值，而通信协议则是预先嵌入在公变采集终端和电能表中的一组软件程序。

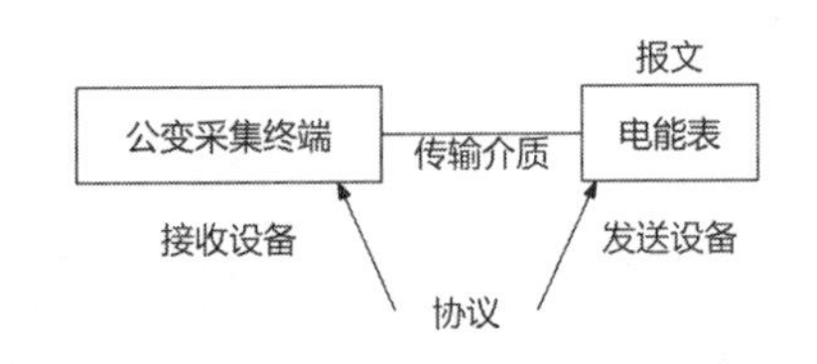

图 4-1　配电网自动化数据通信系统示例

这种数据通信系统实际上是软硬件的结合体。硬件部分包括电能表和公变采集终端，它们负责数据的发送和接收。软件部分则是通信协议，它定义了数据传输的格式、规则和流程。通信协议在发送设备和接收设备之间进行交互，确保数据的准确传输。

通过这样的数据通信系统，配电网可以实现电能量值的传输和采集，为电网运行监控和管理提供必要的数据支持。这个简单示例展示了数据通信系统在配电网自动化中的基本作用和实现方式。

（二）广义数据通信系统模型

图 4-2 所示为广义数据通信系统模型。在这个模型中，有几个关键的组成部分。

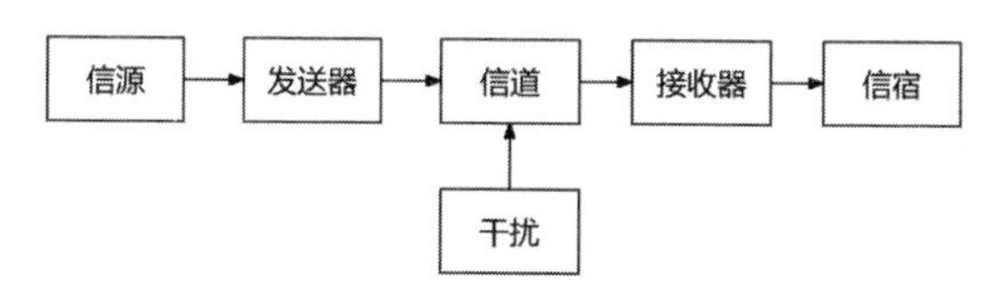

图 4-2　广义数据通信系统模型

信源（source）：信源是产生待传输数据信息的设备或系统。它生成需要传输的原始数据。

发送器（transmitter）：发送器接收来自信源的数据，并将其转换为适合在信道上传输的信号。发送器负责数据的编码、调制等处理。

信道（channel）：信道是发送器和接收器之间用于传输信号的物理介质。它可能是电缆、光纤、空气等媒介，通过这些媒介传输数据信号。

接收器（receiver）：接收器接收来自信道的信号，并将其解码为原始数据。接收器的作用是将信号恢复为原始数据，并提供给信宿使用。

信宿（destination）：信宿是接收和使用最终数据的设备或系统。它接收来自接收器的原始数据，并进行进一步的处理或应用。

在数据传输过程中，信号可能会受到噪声的干扰，这可能会影响接收器准确地接收信号和理解所接收到的数据。因此，通信系统需要考虑如何应对噪声干扰，以确保数据传输的可靠性和准确性。

为了在接收端正确地理解接收到的信号，发送端和接收端需要使用一致的通信协议。通信协议定义了数据的编码格式、传输规则和错误处理机制，确保发送的数据能够在接收端正确地解码和处理。

（三）发送与接收设备

在配电网自动化通信系统中，发送设备、接收设备和传输介质是构成通信系统的硬件部分，它们在系统中扮演着关键角色。

发送设备：发送设备负责将信息源产生的数据经过编码和变换，转换为适合传输介质的信号形式，并发送到传输介质上。在配电网自动化通信系统中，发送设备通常是各种仪器仪表（如电能表）、配电终端（如 FTU、TTU、DTU 等）以及主站的前置通信处理器等。这些设备通过通信接口将数据发送到通信系统。

接收设备：接收设备负责从传输介质中接收信号，并将其解码和反变换为原始数据，以便后续处理和应用。在配电网自动化通信系统中，接收设备也可以是各种仪器仪表、配电终端以及主站的前置通信处理器等。这些设备能够接收来自通信系统的数据，并进行解码和处理。

传输介质：传输介质是发送设备和接收设备之间用于传输信号的物理媒介。它可以是电缆、光纤、无线信道等。在配电网自动化通信系统中，传输介质承载着从发送设备到接收设备的数据信号，确保数据能够准确、及时地传输。

这些设备在配电网自动化通信系统中紧密连接，共同构成了数据通信的基础。发送设备将数据发送到传输介质上，传输介质将数据传输到接收设备上，接收设备接收并处理数据，实现了配电网中各个节点之间的数据交换和通信功能。

（四）传输介质

传输介质是通信系统中的一个重要组成部分，承载着从发送设备到接收设备的信号传输。它具有以下几个主要特性。

物理特性：传输介质的物理结构对通信系统的性能和稳定性具有重要影响。传输介质可以是电缆、双绞线、光纤、无线电波等，每种介质都有其独特的物理结构和特性。

传输特性：传输介质对数据传送的速率、频率、容量等参数有一定的限制。不同的传输介质具有不同的传输特性，例如光纤传输速率高、抗干扰能力强，而电缆传输距离远、成本低廉。

连通特性：传输介质可以实现点对点或点对多点的连接方式，这取决于通信系统的设计和部署。点对点连接适用于直接通信的场景，而点对多点连接可以实现多个设备之间的数据交换和共享。

地理范围：传输介质的传输距离对通信系统的覆盖范围和应用场景具有重要影响。有些介质适用于局域网或近距离通信，而有些介质则适用于广域网或长距离通信。

抗干扰性：传输介质需要具有一定的抗干扰能力，以防止外部电磁干扰、信号衰减等因素对传输数据的影响。抗干扰性强的传输介质可以提高通信系统的稳定性和可靠性。

综合考虑传输介质的各项特性，配电网自动化数据通信系统可以选择合适的传输介质，以实现数据的可靠传输和高效通信。

（五）通信软件

通信软件是指用于实现数据传输和通信功能的计算机程序，它在配电网自动化系统中扮演着重要角色。通信软件通过控制通信设备和传输介质，实现数据的发送、接收、处理和解析，从而实现设备之间的数据交换和通信连接。

通信软件通常具有以下几个主要功能。

数据编码和解码：通信软件负责将原始数据转换为适合传输的格式，如将文本、图像或声音等数据编码成数字信号，以便在传输介质上传输。同时，它还需要对接收到的信号进行解码，将数字信号还原为原始数据。

协议处理：通信软件实现了一系列通信协议的处理，包括物理层、数据链路层、网络层、传输层和应用层等不同层次的协议。它负责处理协议的封装、解封装、路由选择、错误检测和纠正等功能，以确保数据在网络中的可靠传输。

数据传输控制：通信软件负责控制数据的传输流程，包括建立连接、维护连接、数据分段、流量控制、拥塞控制等。它能够有效管理数据的传输速率和流量，以避免网络拥堵和数据丢失。

错误处理和恢复：通信软件能够检测和处理数据传输过程中的错误，包括丢包、重复包、数据损坏等情况。它可以通过重新传输、纠错码等技术实现数据的可靠传输和恢复。

安全保护：通信软件提供了一系列安全机制，包括数据加密、身份认证、访问控制等，以保护通信数据的机密性、完整性和可用性，防止数据泄露、篡改和劫持等安全威胁。

综上所述，通信软件在配电网自动化系统中扮演着重要角色，它通过实现数据传输和通信功能，实现了设备之间的数据交换和通信连接，为系统的正常运行提供了技术支持和保障。

二、通信系统的性能指标

（一）有效性指标

1. 数据传输速率

数据传输速率是单位时间内传送的数据量。它是衡量数据通信系统的有效性指标之一。当信道一定时，信息传输的速率越高，有效性越好。

在数据通信中常常用时间间隔相同的波形来表示一位二进制数字。这个间隔称为码元长度，而这样的时间间隔内的信号称为二进制码元。同样，n 进制的信号也是等长的，并称为 n 进制码元。

数据传输速率为：

$$S_{\mathrm{b}}=\frac{1}{T}\log_2 n \tag{4-1}$$

式中，T 为发送一个周期信号波形所需要的最小单位时间，单位为 s；n 为信号的有效状态，单位为 bit/s。例如，对串行传输而言，如果信号波形只包含两种状态，则 n =2。

配电网自动化数据通信中常用的标准数据信号传输速率为 1200bit/s、2400bit/s、4800bit/s、9600bit/s、19200bit/s、1Mbit/s、10Mbit/s 及 100Mbit/s 等。

（1）比特率

比特（bit）是信息理论中的基本单位，表示一位二进制数字，即 0 或 1。在通信系统中，数据信号的最小单位就是比特。通常情况下，字符、字节或其他数据单元都是由多个比特组成的。

例如，一个字节由 8 个比特组成，可以表示 256 种不同的状态，即从 00000000 到 11111111。每个比特都对应着一种状态，可以用来表示不同的信息或符号。

在通信系统中，传输数据的速率通常用比特率（bit rate）来衡量，表示每秒传输的比特数量。比特率的单位通常是比特每秒（bit/s），也可以使用千比特每秒（kbit/s）、兆比特每秒（Mbit/s）等。比特率决定了通信系统的传输速度和数据处理能力，越高表示系统传输能力越强。

（2）波特率

波特率（baud rate）是指每秒传输的码元（符号）的数量，单位为 baud。一个码元可以包含一个或多个比特，具体取决于编码方案和调制技术。尽管波特率和比特率经常被混淆，但它们有明确的区别。

比特率表示的是每秒传输的二进制位数量，是指数据在信道上的传输速率，通常用来衡量数据传输的速度和容量。而波特率则表示每秒传输的码元数量，是指信号的变化率或传输速率，通常用来衡量调制技术中信号变化的速度。

在某些情况下，一个码元可能只包含一个比特，此时波特率和比特率是相同的。但在其他情况下，一个码元可能包含多个比特，这时波特率和比特率就会有所不同。

举例来说，如果一个码元包含一个比特，而每秒传输的码元数为 9600 baud，那么它的比特率为 9600bit/s。但如果一个码元包含 2 个比特，那么在相同的传输速率下，它的比特率将是 9600/2 = 4800bit/s。

因此，在讨论信道特性和传输频带宽度时，通常使用波特率作为衡量标准；而在涉及实际数据传输能力时，则使用比特率。

2. 频带利用率

频带利用率是指在给定的频带宽度内实际传输的数据量与理论最大传输容量之比。它是衡量通信系统在利用可用频带资源方面的效率的指标。

频带利用率通常以百分比的形式表示，其数值越高，表示通信系统对频带资源的利用程度越高，通信效率越高。

实际上，频带利用率受到多种因素的影响，包括信道噪声、调制技术、编码方式、信号传输距离等。在设计和优化通信系统时，通过合理选择调制解调技术、编码方案、信道等方法，可以提高频带利用率，从而提高通信系统的效率和性能。

3. 协议效率

协议效率是指在通信系统中，数据传输协议在实际传输数据时所达到的有效性和效率程度。它通常用来衡量一个协议在传输数据时所消耗的额外开销和负担，即传输数据所需的总字节数与实际有效数据字节数之比。

协议效率直接影响着通信系统的性能和资源利用率。一个高效的通信协议应当尽可能减少传输数据时所附加的控制信息、纠错码、校验位等冗余信息，以提高数据传输的速率和效率。同时，协议效率也与数据的压缩、加密、错误检测和纠正等技术密切相关，这些技术可以在一定程度上提高数据传输的可靠性和安全性。

4. 通信效率

通信效率是指在通信过程中，实际传输的有效数据量与总传输量之间的比率。它反映了通信系统在传输数据时的利用率和效率程度。

其中，有效数据量指的是实际传输的有效信息数据量，而总传输量是包括有效数据量和各种控制信息、校验码、纠错码等在内的总数据量。

提高通信效率的关键在于减少通信过程中的冗余信息和额外开销，以确保传输的数据能够更快速、更可靠地到达目的地。一些常见的提高通信效率的方法包括数据压缩、错误检测和纠正、协议优化等。

在设计和优化通信系统时，通信效率是一个重要的性能指标，通常需要根据具体的应用场景和需求来评估和优化。通过提高通信效率，可以更好地满足用户对通信速率、实时性和可靠性的要求，从而提升通信系统的整体性能。

（二）可靠性指标

数据通信系统的可靠性可以用误码率来衡量。误码率是衡量数据通信系统可靠性的指标。它是二进制码在数据传输系统中被传错的概率，数值上近似为：

$$P_e \approx N_e / N \tag{4-2}$$

式中，N 为传输的二进制码元总数；N_e 为被传输错的码元数。理论上应有 $N \to \infty$。实际使用中，N 应足够大，才能把 P_e 作为误码率。

理解误码率定义时应注意以下几个问题。

①误码率应该是衡量数据传输系统正常工作状态下传输可靠性的参数。

②对于一个实际的数据传输系统，不能笼统地说误码率越低越好，要根据实际传输要求提出误码率要求。在数据传输速率确定后，误码率越低，数据传输系统设备越复杂，造价越高。

③对于实际数据传输系统，如果传输的不是二进制码元，则要拆成二进制码元来计算。差错的出现具有随机性，实际测量一个数据传输系统时，被测量的二进制码元数越大，越接近于真正的误码率值。在实际的数据传输系统中，需要对一种通信信道进行大量、重复的测试，求出该信道的平均误码率，或者给出某些特殊情况下的平均误码率。根据测试，当电话线路的传

输速率为 300 ～ 2400bit/s 时，平均误码率为 10^{-6} ～ 10^{-4}；当传输速率为 4800 ～ 9600bit/s 时，平均误码率为 10^{-4} ～ 10^{-2}。而计算机通信的平均误码率要求低于 10^{-9}。因此，普通通信信道若不采取差错控制，则不能满足计算机通信的要求。

第二节 数据的传输、工作及差错检测

一、数据传输方式和工作方式

（一）数据传输方式

1. 串行传输和并行传输

串行传输和并行传输是常见的数据传输方式，在通信和计算领域中有着不同的应用和特点。

串行传输是一种逐位传输的方式，数据流以串行方式在一条信道上传输，每次只能发送一个数据位。发送方需要确定发送数据字节的高位或低位，接收方也需要知道所接收到的字节的第一个数据位位置。串行传输具有易于实现和在长距离传输中可靠性高等优点，适用于远距离的数据通信，但需要收发双方采取同步措施。

而并行传输则是将数据以成组的方式在两条以上的并行通道上同时传输，每个数据位使用单独的一条导线。例如，采用 8 条导线并行传输一个字节的 8 个数据位。并行传输不需要特别的同步措施，接收方可以并行地取样各条导线的数据位信号。然而，并行传输所需的传输线较多，通常用于近距离设备之间的数据传输，例如计算机和外围设备之间的通信，以及 CPU、存储器模块和设备控制器之间的通信。

总的来说，串行传输适用于长距离通信，并且易于实现和管理，而并行传输适用于近距离设备之间的高速数据传输，但需要更多的传输线路。选择何种传输方式取决于具体的通信需求和应用场景。

2. 同步传输与异步传输

传输同步问题在数据通信系统中至关重要，它涉及发送端和接收端之间的协调和同步，是实现数据传输的关键。

在串行数据传输中，数据按位逐个传送，接收端需要正确区分每个数据位

以恢复发送端传输的数据。为了实现同步，串行通信中的发送者和接收者需要使用时钟信号来确定何时发送和读取每个数据位。同步传输和异步传输是串行通信中常见的方式，它们使用时钟信号的方式不同。

在同步传输中，所有设备都使用一个共同的时钟信号，数据位与时钟信号同步。接收方利用时钟跳变决定何时读取输入的数据位。同步传输适用于单块电路板元件之间的数据传输或连接在较短距离的电缆数据通信，具有高效率和适应高速传输的优势。但对于更长距离的数据通信，同步传输的成本较高且容易受到噪声干扰。

在异步传输中，通信节点之间不需要保持通信速率一致，通常在传输字节时包括起始位来同步时钟。异步传输简单、易实现，对线路和收发器的要求低，但需要传输同步字符或帧头，可能影响通信效率。

总的来说，同步传输适用于高速传输和短距离通信，而异步传输适用于简单易实现的通信和长距离传输。选择合适的传输方式取决于具体的通信需求和应用场景。

3. 位同步、字符同步与帧同步

（1）位同步

位同步在数据通信系统中至关重要，它确保了发送端和接收端之间的数据位保持同步。在数据传输过程中，每个数据位必须按照相同的时钟信号进行发送和接收，以确保数据的准确传递和正确解析。

位同步的实现通常需要发送端和接收端之间的时钟同步。发送端和接收端必须使用相同的时钟源，或者通过某种方式同步它们的时钟，以确保它们在相同的时钟信号下工作。这样，发送端在发送每个数据位时，接收端都能按照相同的时钟信号准确接收到对应的数据位。

接收端可以通过从接收信号中提取时钟信号来实现位同步。这通常涉及在接收端使用特定的电路或算法来检测接收信号中的时钟信息，并据此同步接收数据位的时钟。通过确保发送端和接收端之间的位同步，数据通信系统可以有效地实现数据的可靠传输。

（2）字符同步

字符同步是一种通过在传输的字符序列之间插入同步字符来实现同步的方法。在字符同步中，发送端将字符组织成组，并在每组字符之间插入同步字符（通常是同步字符 SYN），以便接收端能够确定字符的起始位置。这样，接收端可以根据同步字符来同步接收数据，并准确地解析每个字符。

在字符同步中，同步字符起着关键作用，它们用于在传输开始时确保发送端和接收端之间的同步。通常情况下，当没有传输数据时，可以在通信线路上传输全 1 或 0101 等特定模式的信号，以提供接收端识别同步字符的参考。一旦接收端检测到同步字符，就可以确定数据的起始位置，并开始接收和解析后续的字符。

通过字符同步，数据通信系统可以确保在传输数据时发送端和接收端之间的同步，并有效地进行数据的传输和解析。这种同步方法通常用于串行传输，特别是在数据通信中的低速和中速应用中。

（3）帧同步

数据帧是一种将数据信息组织成组的形式，用于在通信系统中进行数据传输。一个典型的数据帧通常由几个部分组成：

起始标志或帧头：这是数据帧的第一部分，用于实现收发双方的同步。起始标志是一个独特的字符段或数据位的组合，通常用于通知接收方有一个通信帧已经到达。它的作用类似于字符同步中的同步字符或起始位，用于标志数据帧的开始。

通信控制域：这部分包含了一些用于控制和管理通信过程的信息，如帧类型、地址信息、错误检测和纠错码等。通信控制域中的内容根据通信协议的不同而有所不同，但通常用于确保数据的可靠传输和接收。

数据域：数据域是数据帧中用于传输实际数据信息的部分。它可以包含各种类型的数据，如文本、图像、音频等，取决于通信系统所传输的内容。数据域的长度和格式通常由通信协议定义。

校验域：校验域用于对数据帧中的数据进行校验，以确保数据的完整性和准确性。它通常包含一些校验码或校验和，接收端可以使用这些信息来检测数据在传输过程中是否发生了错误或损坏。

帧结束标志：这是数据帧的最后一部分，用于标志数据帧的结束。帧结束标志与起始标志类似，是一个独特的位串组合，表示该帧传输结束，没有更多的数据要传输了。

通过将数据组织成数据帧的形式，通信系统可以有效地进行数据传输和解析，并确保数据的可靠性和完整性。数据帧的结构和内容通常由通信协议定义，并根据具体的通信需求进行调整和配置。

（二）通信线路的工作方式

1. 单工通信

单工通信是指信息始终朝着一个方向传送，而不进行与此相反方向的传送，如图 4-3（a）所示。设 A 为发送终端，B 为接收终端，数据只能从 A 传送至 B，而不能由 B 传送至 A。

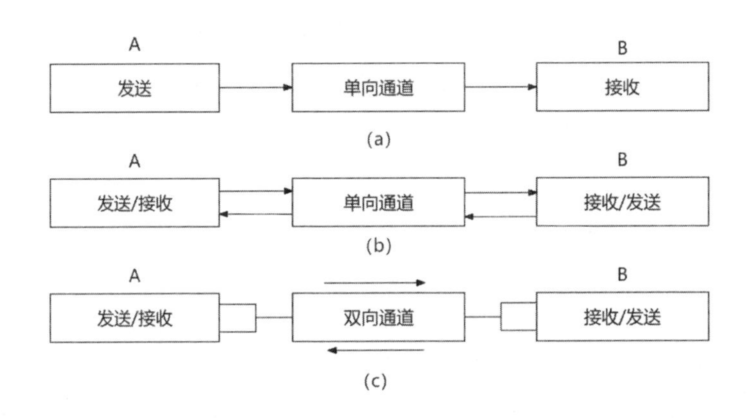

图 4-3　通信线路的工作方式

2. 半双工通信

半双工通信是指信息流可在两个方向上传输，但同一时刻只限于一个方向传输，如图 4-3（b）所示。信息可以从 A 传送至 B，或从 B 传送至 A，所以通信双方都具有发送器和接收器。要实现双向通信，必须切换信道方向。当 A 向 B 发送信息时，A 将发送器连接在信道上，B 将接收器连接在信道上；而当 B 向 A 发送信息时，B 则要将接收器从信道上断开，并把发送器接入信道，A 也要相应地将发送器从信道上断开，而把接收器接入信道。这种在一条信道上进行通信方向切换，实现 A → B 与 B → A 两个方向通信的方式，被称为半双工通信。

3. 全双工通信

全双工通信是指通信系统能同时进行如图 4-3（c）所示的双向通信。它相当于把两个相反方向的单工通信方式组合在一起。

二、数据通信的差错控制方式

（一）循环传送检错

循环传送检错方式是一种简单而有效的错误检测方法，其特点如下。

信息源的周期性传送：循环传送检错方式要求信息源的同一信息被周期性地循环传送。这意味着发送端将同一信息重复发送多次，以增加接收端检测错误的机会。

使用可检错的码元或码元组合：为了使接收端能够检测出是否有差错，发送端需要发出能够检出错误的码元或码元的组合。这些码元经过特定的编码算法，使得接收端可以在接收到数据后进行检错处理。

单向信道：循环传送检错方式通常应用于单向信道，即信息只能从发送端传输到接收端，而不能反向传输。这简化了系统的设计和实现，同时减少了通信系统的复杂性。

简单易实现：这种检错方式相对简单、易于实现，不需要复杂的算法或设备支持。发送端只需对信息进行简单的编码，接收端则可以使用简单的检错译码算法来判断是否存在错误。

低信道利用率：尽管循环传送检错方式简单有效，但其信道利用率较低。因为发送端需要周期性地重复发送相同的信息，这导致了信道资源的浪费。

总的来说，循环传送检错方式适用于对信道质量要求不高，但对数据可靠性要求较高的应用场景。虽然其信道利用率较低，但在一些简单的通信系统中仍然具有一定的实用性。

（二）前向纠错

前向纠错（forward error correction，FEC）方式是一种在数据传输过程中，发送端通过添加冗余信息（纠错码）到发送的数据中，以便接收端能够在接收到数据时检测并纠正错误的方法。其主要特点如下。

信道编码：在前向纠错方式中，发送端的信号经过信道编码器进行编码，生成包含冗余信息的码字。这些冗余信息可以在接收端检测和纠正传输过程中引入的错误。

单向信道：与循环传送检错方式类似，前向纠错方式也适用于单向信道。发送端向接收端发送数据和冗余信息，而接收端仅负责接收和解码，不需要向发送端反馈任何信息。

纠错能力：前向纠错方式可以纠正一定数量的差错，使得接收端即使在信道质量较差的情况下，仍能够正确地恢复发送端发送的数据。这种纠错能力提高了数据传输的可靠性。

复杂的译码器：尽管前向纠错方式可以提供较高的纠错能力，但其译码器一般较为复杂。译码器需要通过复杂的算法来检测和纠正传输过程中可能出现的各种错误，这增加了系统的设计和实现的复杂性。

增加的带宽开销：由于前向纠错方式需要在发送端添加额外的冗余信息，这会增加数据的传输量和带宽开销。因此，在设计通信系统时，需要权衡纠错能力和带宽利用效率之间的关系。

总的来说，前向纠错方式通过在发送端添加冗余信息，提供了一种在单向信道上提高数据传输可靠性的方法。虽然其译码器复杂度较高，但在对数据可靠性要求较高的应用场景中仍具有重要的意义。

（三）自动要求重传

自动要求重传（automatic repeat request，ARQ）是一种数据传输协议，用于在数据传输过程中检测和纠正错误。其主要特点如下。

发送可检错的码：发送端在发送数据时，通过信道编码器生成可检错的码，这些码包含了足够的冗余信息，以便在接收端进行检错和纠错。

接收端检错译码：接收端接收到发送端传来的数据后，经过信道译码器进行检错译码，判断接收到的数据是否包含错误。

反馈机制：如果接收端检测到数据中存在错误，它会通过反馈信道将这个信息发送回发送端，要求发送端重传有错误的数据。

重传机制：发送端在接收到接收端的重传请求后，会重新发送相应的数据，直到接收端确认接收到了正确的数据为止。

需要反馈信道：自动要求重传方式需要一个可靠的反馈信道，用于接收端向发送端发送重传请求和确认信息。如果没有可靠的反馈信道，则无法进行重传，从而降低了通信的可靠性。

传输效率影响：如果干扰严重或者反馈信道不可靠，重传次数会增多，从而影响了通信的连贯性和传输效率。因此，在设计通信系统时，需要充分考虑信道质量和反馈信道的可靠性。

总的来说，自动要求重传方式通过反馈机制实现了在数据传输过程中的错误检测和纠正，但是需要一个可靠的反馈信道，并且重传次数的增多可能会影响通信的效率。相比之下，其编码和译码相对简单，但是在一些要求较高的通信环境中可能会受到限制。

（四）信息反馈

这种信息反馈方式属于简单的反馈机制，通常称为简单确认或肯定确认。其主要特点如下。

接收端反馈信息：接收端接收到数据后，通过反馈信道将接收到的信息原样回送到发送端。

发送端判错重传：发送端将接收到的反馈信息与原来发送的信息进行比较，判断是否存在错误。如果发现有错码，发送端将会重新发送该信息。

简单控制电路：在这种方式下，通信系统的控制电路相对简单，因为发送端只需接收反馈信息并进行简单的比较判断，而不需要进行复杂的编码和译码。

需反馈信道：为了实现信息的反馈和重传，这种方式需要一个可靠的反馈信道，用于接收端向发送端发送反馈信息。

传输效率较低：由于在每次传输后需要等待接收端的反馈，并且可能需要进行重传，因此整个通信系统的传输效率较低。

尽管这种方式具有简单的控制电路和操作流程，但是由于需要反馈信道以及可能重传，传输效率受到一定的影响。在一些要求传输速度和效率较高的通信环境中，可能不太适用。

（五）混合纠错

混合纠错方式的主要特点如下。

前向纠错和重传结合：混合纠错方式将前向纠错和自动要求重传两种方式相结合，发送端发出的数码不仅具有检错能力，还具有一定的纠错能力。这样，接收端在收到数据后首先尝试进行纠错，如果错误超出了其纠错能力范围，则会通过反馈信道要求发送端重新发送该信息。

纠错能力与重传机制：接收端译码器具有一定的纠错能力，可以尝试纠正接收到的数据中的错误。如果错误超过了纠错能力的范围，接收端会发回反馈信息，要求发送端进行重传。

需要反馈信道：类似于自动要求重传方式，混合纠错方式也需要一个可靠的反馈信道，用于接收端向发送端发送反馈信息，以触发重传操作。

提高传输可靠性：由于混合纠错方式具有纠错能力，因此可以在一定程度上提高数据传输的可靠性。即使在出现一定数量的错误时，接收端仍有机会通过纠错来恢复原始数据，而不必立即要求重传。

混合纠错方式在一定程度上综合了前向纠错和重传方式的优点，提高了数据传输的可靠性和效率。然而，它仍然需要一个反馈信道来实现重传操作，并且需要发送端和接收端的译码器具有一定的纠错能力。

第三节　配电网自动化通信方式

在设计配电网自动化系统时，通信手段的选择至关重要，因为它直接影响到系统的成本、可靠性和性能。考虑到配电网的复杂性和多样性，单一的通信方式往往无法完全满足其所有需求，因此需要多种通信方式混合使用。

配电网自动化系统的通信网络是一个典型的数据通信系统，如图 4-4 所示。一般数据终端设备（data terminal equipment，DTE）和数据通信设备（data communication equipment，DCE）之间常采用 RS-232 或 RS-485 标准接口。

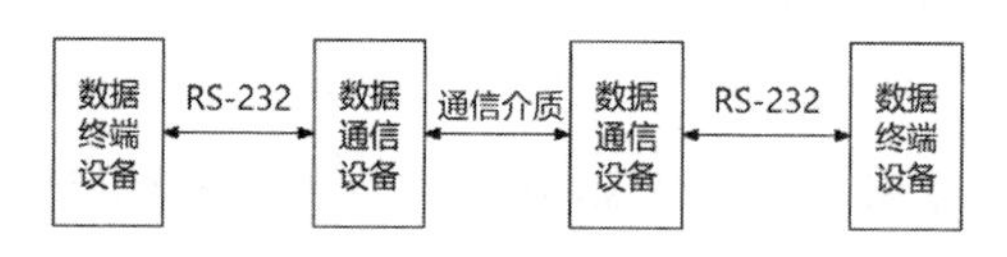

图 4-4　典型数据通信系统

一、RS-232

RS-232 是由美国电子工业协会公布的一种串行通信接口标准，在串行异步通信中应用广泛。其中，RS（recommended standard），代表推荐标准；232 是标识符。

该标准的用途是定义 DTE 与 DCE 接口的电气特性及它们之间信息交换的方式和功能。

（一）RS-232 引脚分配及定义

RS-232 引脚分配及定义见表 4-1。

表 4-1　RS-232 引脚分配及定义

引脚	信号名称	信号方向	简称	信号功能
1	载波检测	DTE-DCE	DCD	DCE 接收到远程载波信号，通信链路已连接
2	接收数据	DTE-DCE	RXD	DTE 接收串行数据

续表

3	发送数据	DTE → DCE	TXD	DTE 发送串行数据
4	数据终端就绪	DTE → DCE	DTR	DTE 准备就绪
5	信号地	—	GND	公共信号地
6	数据设备就绪	DTE-DCE	DSR	DCE 准备就绪，可以接收数据
7	请求发送	DTE → DCE	RTS	DTE 通知 DCE，它请求发送数据
8	清除发送	DTE-DCE	CTS	DCE 已切换到接收模式
9	振铃指示	DTE-DCE	RI	通知 DTE，有远程呼叫

除用于全双工串行通信的两根信号线 TXD、RXD 外，标准还定义了若干“握手线”，如 DSR、DTR、RTS、CTS 等。在实际应用中，这些“握手线”的连接不是必需的。

（二）RS-232 的传输特性

1. RS-232 的数据线

RS-232 是一种常见的串行通信标准，用于在计算机及其周边设备之间进行数据传输。其数据线包括发送数据线和接收数据线，以及信号地线，这三根线构成了 RS-232 的基本连接。RS-232 标准并没有对数据传输的具体格式进行严格规定，而是由通信双方商定并达成一致。

以下是关于 RS-232 数据传输的一些常见设置和约定。

传输速率（波特率）：传输速率指的是每秒传输的比特数，常用的波特率包括 9600baud、19200baud、38400baud 等。发送方和接收方需要在通信前商定使用的波特率，并设置成相同的值。

奇偶校验位：奇偶校验位用于检测数据传输过程中的错误。可以选择奇校验、偶校验或不使用校验位。发送方和接收方需要在通信前商定使用的奇偶校验方式。

停止位：停止位指的是每个数据字节之后用于表示数据传输结束的位数，通常为 1 或 2 位。发送方和接收方需要商定并设置相同的停止位数。

数据位：数据位指的是每个数据字节中用于表示数据本身的位数，通常为 5、6、7 或 8 位。发送方和接收方需要商定并设置相同的数据位数。

字符代码：字符代码指的是每个数据字节中使用的字符编码方式，常见的编码方式包括ASCII码和Unicode等。发送方和接收方需要使用相同的字符编码方式。

通过商定并设置好这些参数，发送方和接收方可以在RS-232连接上进行数据的可靠传输。这种灵活性和可配置性使RS-232标准在计算机及其周边设备之间的数据通信中得到了广泛应用。

2.RS-232的控制线

RS-232的控制线是为建立通信连接和维持通信连接而使用的信号。各控制线功能见表4-1。

3.RS-232的总线连接

RS-232是一种常见的串行通信标准，用于在数据终端设备和数据通信设备之间进行数据传输。在配电网自动化系统中，如果两个设备之间的传输距离较短（小于15m），可以直接使用电缆进行连接。

以下是在RS-232连接中的一些基本设置和连接方式：

连接方式：如果传输距离小于15m，可以直接使用电缆进行连接。发送数据和接收数据线应该进行交叉连接，以确保两台设备都能正常地发送和接收数据。同时，“数据终端就绪”和“数据设备就绪”这两根线也应该进行交叉连接。

握手信号：为了确保通信的可靠性，在连接中可以使用握手信号。如“请求发送”和“清除发送”应该相互连接，以及“载波检测”与对方的“请求发送”相连。这样可以在DTE向对方请求发送时，立刻通知本方的“清除发送”，表示对方已经响应。

最少连接线：如果去掉握手信号，最少需使用TXD、RXD和GND这三根线即可实现正常的串口通信。这样可以简化连接并降低成本，但可能会牺牲一些通信的可靠性和稳定性。

通过正确连接这些线路，并根据实际需要选择是否使用握手信号，可以实现在配电网自动化系统中的串口通信，并确保数据的可靠传输。

（三）RS-232的电气特性

RS-232标准对于电气特性、逻辑电平以及各种信号线的功能做出了明确的规定，这些规定对于保证串口通信的稳定性和可靠性至关重要。

数据传输电平：RS-232标准规定了逻辑“1”和逻辑“0”的传输电平范围。逻辑“1”的传输电平应在-15～-3V，而逻辑“0”的传输电平应在

+3 ～ +15V。这种范围的定义确保了在正常传输中，信号的电平可以明确地被接收端检测到。

控制信号电平：控制信号的有效电平范围也有明确规定。有效信号的电平应在 +3 ～ +15V，而无效信号的电平应在 -15 ～ -3V。这样的规定确保了在控制信号的传输中，接收端可以准确地区分有效信号和无效信号，从而实现相应的控制功能。

电平转换：虽然 RS-232 标准定义了一套标准的电平范围，但是一般 CPU 提供的串口通常采用 TTL 电平。因此，在实际应用中，需要使用 RS-232 接口芯片（如 MAX232）等外部器件，将 TTL 电平转换为标准的 RS-232 电平，以确保与 RS-232 标准兼容。

接口类型：RS-232 接口的连接通常采用 DB9 针式插座（对应 DTE）和 DB9 孔式插座（对应 DCE）。这样的设计使得连接更加简便和标准化，有利于不同设备之间的互联互通。

通过严格遵循 RS-232 标准的电气特性和信号线功能，可以确保在配电网自动化系统中的串口通信稳定可靠，从而实现数据的准确传输和控制。

二、CAN 总线

CAN 总线（controller area network，CAN）是一种广泛应用于现代汽车、工业控制等领域的串行通信协议，旨在实现高速可靠的数据传输和分布式控制。它最初由博世（Bosch）公司在 20 世纪 80 年代末开发，用于汽车电子系统中的控制和通信，如引擎控制单元、制动系统、空调系统等。如今，CAN 总线已成为工业领域中最为流行的通信标准之一，被广泛应用于工厂自动化、机器人控制、航空航天等众多领域。

CAN 总线的设计目标之一是提供一种高效的、可靠的实时通信机制。它采用差分信号传输、多主机共享总线、基于标识符的消息过滤和优先级的通信机制等特性，确保了通信的快速响应和高度稳定性。CAN 总线支持分布式控制架构，允许多个节点同时通过总线进行通信，从而实现了灵活的系统集成和可扩展性。

在 CAN 总线中，每个节点都有一个唯一的标识符（identifier），用于标识消息的发送者和接收者。发送者根据消息的标识符和优先级将消息发送到总线上，并由接收者根据标识符进行过滤和接收。CAN 总线支持多种不同类型的消息，包括数据帧、远程帧和错误帧等，以满足不同应用场景的需求。

CAN 总线的另一个重要特点是其优秀的抗干扰能力和错误检测机制。差分信号传输和硬件过滤器可以有效地抑制电磁干扰和噪声，从而保证通信的稳定性。此外，CAN 总线还采用循环冗余校验和错误反馈机制，能够及时地检测和纠正数据传输过程中的错误，提高通信的可靠性。

除了在汽车电子系统中的广泛应用外，CAN 总线还被广泛应用于工业自动化和机器人控制等领域。在工厂自动化系统中，CAN 总线可以实现各种设备之间的实时通信和数据交换，提高生产效率和生产线的灵活性。在机器人控制系统中，CAN 总线可以实现多个机器人之间的协同工作和数据共享，提高机器人系统的整体性能和可控性。

总的来说，CAN 总线作为一种高效可靠的串行通信协议，已成为现代汽车、工业控制和机器人控制等领域中不可或缺的一部分，为各种应用场景提供了强大的通信和控制能力，推动了自动化技术的发展和应用。

三、GPRS 通信

GPRS（general packet radio service）是一种基于全球移动通信系统（GSM）的无线数据通信技术，旨在提供高速、高效的移动数据服务。作为 2G 数字移动通信系统的一部分，GPRS 不仅可以提供传统的语音通信服务，还能够支持移动互联网、电子邮件、多媒体消息传输、远程监控和数据传输等应用。

GPRS 的特点之一是其分组交换技术，与传统的电路交换不同，GPRS 采用了分组交换的方式，将数据分成小块进行传输，这使其可以更高效地利用无线信道，并且能够实现数据的灵活传输。另外，GPRS 还采用了多址接入技术，允许多个用户同时共享同一无线信道，从而提高了网络的容量和吞吐量。

在 GPRS 网络中，移动终端通过无线信道与 GPRS 基站进行通信，基站再将数据传输到核心网络中心，通过 Internet 等网络连接到日标服务器。这样的架构使得用户可以随时随地通过移动设备进行数据通信，无须受到时间和空间的限制，极大地提高了用户的便利性和通信效率。

（1）GPRS 通信的核心技术

数据编码与调制解调器技术：GPRS 采用了高效的编码和调制解调技术，能够对数据进行有效压缩和传输，提高了数据传输速率和网络效率。

分组交换技术：GPRS 使用分组交换技术将数据分成小块进行传输，这种方式不仅提高了网络的利用率，还能够灵活地分配网络资源，满足不同用户的需求。

多址接入技术：GPRS 采用了多址接入技术，允许多个用户同时共享同一无线信道，提高了网络的容量和吞吐量，降低了用户等待时间。

移动 IP 技术：GPRS 网络采用了移动 IP 技术，为移动设备提供了唯一的 IP 地址，使得移动设备可以随时连接到 Internet 等网络，实现数据的全球漫游。

QoS 管理：GPRS 网络支持服务质量（QoS）管理，可以根据不同应用的需求对数据进行优先级排序和资源分配，保障重要数据的传输质量。

（2）GPRS 通信的应用领域

移动互联网：GPRS 网络为移动设备提供了接入 Internet 的途径，用户可以通过手机、平板电脑等移动设备随时随地上网，如浏览网页、收发电子邮件、观看视频等。

远程监控与控制：GPRS 通信技术可以实现对远程设备的监控和控制，如智能家居系统、工业自动化系统、环境监测系统等，用户可以通过手机或电脑实时监测和控制远程设备。

数据传输与远程访问：GPRS 通信可以实现移动设备之间的数据传输和远程访问，如文件传输、数据库访问、远程办公等，为用户提供了便捷的数据交换方式。

移动支付与电子商务：GPRS 网络为移动支付和电子商务提供了便利的平台，用户可以通过手机实现在线支付、购物、银行服务等，极大地方便了日常生活和商业交易。

总的来说，GPRS 通信技术作为一种高效、灵活的无线数据通信技术，已经成为移动通信领域的重要组成部分，为人们的生活和工作带来了巨大的便利和效益。随着 5G 等新一代移动通信技术的发展，GPRS 通信技术仍然发挥着重要的作用，并将继续为人们的移动通信需求提供可靠的支持。

第四节　配电网自动化常用的通信规约

一、配电自动化系统中通信规约

在配电自动化系统中，通信规约是指用于配电设备之间或配电设备与控制中心之间进行通信的一套标准化的通信协议和规则，以确保数据的可靠传输和正确解释。通信规约定义了数据传输的格式、报文结构、消息编码、错误检测和纠正等方面的规范，使得不同厂家生产的设备可以互相通信和协作，实现配电系统的自动化控制和监测。

以下是配电自动化系统中常见的通信规约。

IEC 60870-5-101：该规约定义了在配电自动化系统中用于远程传输数据的一种串行协议，主要用于远程监控和控制设备之间的通信，包括主站和远动终端之间的通信。

IEC 60870-5-104：该规约是 IEC 60870-5 系列中的一种新一代规约，基于 TCP/IP 网络通信，适用于网络化的配电自动化系统，具有高效、可靠的特点，支持大容量数据传输和实时通信。

Modbus 通信协议：Modbus 是一种常见的串行通信协议，广泛应用于配电自动化系统中的设备之间的通信，包括主站与终端设备之间的通信以及终端设备之间的通信。

分布式网络规约（distributed network protocol，DNP）：DNP 是一种用于远程监控和控制系统的通信协议，主要用于配电系统中远动终端与控制中心之间的通信，具有高可靠性和灵活性。

开放式产品通信统一架构（open platform communications unified architecture，OPC UA）：OPC UA 是一种开放式、跨平台的通信协议，用于实现设备之间的数据交换和共享，适用于配电系统中各种设备的通信和集成。

通用工业协议（common industrial protocol，CIP）：CIP 是一种通用的工业通信协议，用于工业控制系统中设备之间的通信，包括配电系统中的设备之间的通信。

这些通信规约在配电自动化系统中起着至关重要的作用，能够确保设备之间的数据交换和通信的可靠性、高效性和安全性。选择适合的通信规约对于构建可靠的配电自动化系统至关重要，需要根据系统的具体要求和设备的兼容性进行选择。

二、基于标准负控规约的配电变压器监测与管理系统

（一）系统构成

配变监测与管理系统是一个由主站软件、配变抄表监测终端和通信网络构成的系统，用于监测和管理配电变压器的运行情况。系统的核心组成部分包括以下内容。

主站软件：主站软件是系统的核心控制中心，负责数据采集、终端配置、数据存储、高级分析和 Web 服务等功能。主站软件通过与配变抄表监测终端的

通信，实现对配电变压器的远程监测和管理。

配变抄表监测终端：配变抄表监测终端是系统中的数据采集设备，负责采集配电变压器的电量、状态量、温度等数据，并将数据存储在非易失性存储器中。根据主站监测要求或自身任务配置，配变抄表监测终端将数据发送到主站系统。

通信网络：系统采用 GPRS 网络作为数据信道，配变抄表监测终端内置 GPRS 模块，通过 AT 命令集对其进行操作。一旦上线，配变抄表监测终端成为一个公网主机，拥有一个确定的 IP 地址。终端作为 TCP 客户端连接到主站前置机，通过 Socket 方式进行通信，可确保数据的可靠传输。

主站系统具有高可靠性和高性能的特点，采用高性能数据库和应用服务器作为基础设施。除了完成数据采集和分析等基本功能，主站系统还提供Web服务，便于用户远程访问和监控系统。由于前置机接入公网，系统在内网边界上需要有可靠的安全防护措施，以确保系统的安全性和稳定性。

整个配变监测与管理系统通过主站软件、配变抄表监测终端和通信网络的协作，实现对配电变压器的实时监测和远程管理，提高了配电系统的运行效率和可靠性。

（二）配变抄表监测终端

1. 硬件

配变抄表监测终端作为基于 ARM7 的嵌入式系统，具有系统部分电路和接口部分电路两个主要部分。系统部分电路是终端的核心，包括 CPU、存储器、RTC、复位电路及其外围电路。接口部分电路则实现了终端的专有功能，包括通信接口、状态量检测、温度传感器通信等。

在系统部分电路中，主要采用了飞利浦（Philiphs）公司的 LPC2220 作为主 CPU，该 CPU 具有高性能和灵活的外设支持。终端的存储系统包括外扩的 256KB SRAM 芯片、1MB NOR Flash 和 32MB NAND Flash，分别用于程序的运行空间和存储器。

接口部分电路涵盖了多种通信接口和传感器接口，包括 RS-232 通信、RS-485 通信、GPRS 模块、红外通信、状态量检测、单总线温度传感器通信等。MAX485EESA 芯片实现了 TTL 电平到 RS-485 接口的转换，DS2480B 芯片实现了 TTL 电平到单总线网络的转换，二者均复用了 CPU 的 UART1。单总线数字式温度传感器 DS18B20 用于温度监测，ME3000 GPRS 模块实现了终端与主站之间的远程通信。SP3202 芯片实现了 TTL 电平到 RS-232 通信接口的电平转换，用于调试功能，而CPU与该芯片连接的UART由软件模拟实现（软串口）。实时时钟芯片PCF8563T用于终端的时间管理。

整体而言，配变抄表监测终端的硬件设计考虑了系统的稳定性、通用性和可靠性，通过合理的分系统设计和接口设计，实现了功能的完善和灵活性的提升。

2. 软件

（1）软件结构

配变抄表监测终端的通信基于标准负控规约，其数据采集、存储、传输等流程复杂，传统的单任务系统难以满足终端功能要求。因此，引入了嵌入式操作系统 μC/OS－Ⅱ，设计了多任务并行执行的软件系统。

在这个软件系统中，终端程序采用了多任务、多缓冲区结构。每个任务的操作对象都是一个缓冲区，而操作过程采用非阻塞查询式。当多个任务需要操作同一个缓冲区时，通过信号量进行同步，确保数据的完整性和准确性。此外，通过合理设计缓冲区的结构，也可以避免同步问题的发生，从而提高了系统的效率和可靠性。

通过引入嵌入式操作系统和设计多任务并行执行的软件架构，配变抄表监测终端实现了功能的复杂性和并发性，提高了系统的灵活性和可维护性，同时也增强了系统的稳定性和性能。

（2）通信模块

与配变抄表监测终端串口通信的对象，包括GPRS模块、电能表、单总线温度传感器、调试口和红外口。根据通信规约的不同，这些对象可以划分为两类：一类是遵循标准负控规约的，包括GPRS模块、调试口和红外口；另一类是具有专门通信规约的，包括电能表和单总线温度传感器。在处理通信时，需要分别考虑这两类对象。

GPRS通信：对GPRS模块的主要操作包括建立TCP连接、数据收发、上/下电控制、复位等。虽然涉及的GPRS AT指令并不多，但为了保证GPRS网络的可靠性，需要使用一些报告指令实现对模块状态的检测，如信号强度查询、SIM卡状态查询、网络注册查询等。这些参数都是终端操作GPRS的依据，也是保证终端GPRS网络可靠性的关键。所有GPRS模块操作过程可封装成一个任务，完成GPRS数据链路维护和数据传输。

电能表通信：电能表采用DL/T645规约进行数据采集，终端与电能表之间采用问答式通信。终端提出数据请求，电能表响应数据。处理流程可简单归纳为发送询问帧、等待应答、解析数据并将其置入缓冲区。

单总线温度传感器DS18B20通信：终端通过单总线驱动器DS2480B连接单总线温度传感器DS18B20，实现温度检测功能。CPU对DS18B20温度传感器的操作流程是单字节问答式。单总线网络的数据传输具有强的顺序要求，传输字节的顺序代表特定的含义，收发双方根据传输内容的变化确定当前的传输状态和内容。

针对不同对象的通信特点，配变抄表监测终端的通信程序设计需综合考虑各项因素，以确保数据的可靠性、稳定性和高效性。

（3）负控规约解析模块

负控规约解析模块在终端软件中扮演着重要的角色，它封装了大部分的规约功能，负责解析接收到的负控规约数据，并根据规约内容进行相应的处理和响应。根据上述软件总体结构，将负控规约解析模块封装在一个μC/OS—Ⅱ任务中，即负控规约解析1任务。该任务的输入输出有两组，一组是与通信调度器的通信，另一组是对全局数据区的访问。

与通信调度器的通信：这部分实际上是通过一对收发缓冲器实现的，但是该缓冲器只有一级，意味着只能同时处理来自一个通道的数据。因此，负控规约解析1任务所有的输入输出都是缓冲区形式。任务通过轮询接口缓冲区的方式执行，一旦发现需要处理的数据，则立即进行处理，并继续轮询的过程。这种查询触发式的执行方式能够及时响应通信调度器的请求，保证数据的及时处理和准确传输。

对全局数据区的访问：负控规约解析1任务还需要访问全局数据区，以获取系统的全局状态信息或者更新全局数据。这些数据可能包括系统状态标志、设备状态信息、任务状态等。通过访问全局数据区，任务可以获取到当前系统的运行状态，从而进行相应的规约解析和处理操作。

（三）配变监测管理系统主站

1. 终端通信管理模块

终端通信管理模块是配变抄表监测终端软件中的一个重要组成部分，它负责管理终端与外部设备之间的通信过程，包括建立通信连接、数据收发、异常处理等功能。通信管理模块的设计与实现对于整个系统的稳定性和可靠性至关重要。

以下是终端通信管理模块的主要功能和特点。

通信连接管理：负责建立和维护与主站系统之间的通信连接，通常通过GPRS 网络进行连接。

确保通信连接的稳定性和可靠性，定时检测连接状态并进行重连操作，以应对网络波动或断线等异常情况。

数据收发处理：负责接收主站系统发送的命令和数据，并将其解析成可处理的格式。

将终端采集的数据封装成规定的数据帧，并发送到主站系统。

实现数据的压缩和加密等操作，确保数据传输的安全性和效率。

异常处理与重传机制：监测通信过程中出现的异常情况，如数据丢失、传输错误等，及时处理和恢复。

实现自动重传机制，确保数据的完整性和准确性，提高通信的可靠性。

通信协议支持：支持多种通信协议，如 TCP/IP 协议、UDP 协议等，以适应不同的通信场景和需求。

根据通信协议的要求，实现数据的打包和解包操作，确保数据的正确传输和解析。

资源管理：管理通信所涉及的资源，包括网络资源、内存资源等，合理分配和利用资源，以提高系统的性能和效率。

日志记录与统计：记录通信过程中的重要事件和异常情况，生成日志文件，便于故障排查和系统优化。

统计通信的成功率、响应时间等指标，为系统性能的评估和优化提供数据支持。

综上所述，终端通信管理模块是配变抄表监测终端软件中的关键模块之一，它通过有效的通信管理和数据处理，确保终端与主站系统之间稳定、高效地通信，从而实现配电自动化系统的正常运行和数据传输。

2. 规约解析及出入库模块

终端通信管理模块是配变抄表监测终端软件的关键模块之一，负责管理终端与外部设备之间的通信过程，实现终端数据的数据库存储和主站命令下发。这个模块与规约解析出入库模块之间通过双向数据交换实现通信，以下是该模块的主要组成部分和功能。

通信连接管理：负责建立与终端通信管理模块的双向通信连接，通过

Socket 实现数据的发送和接收。

确保通信连接的稳定性和可靠性，及时处理通信异常和断线情况。

数据收发处理：接收来自终端通信管理模块的终端数据帧，解析并存储到数据库中，按照负控规约进行解析和处理。

从数据库中读取 Web 系统要下发的命令或数据，封装成负控规约帧发送给终端通信管理模块。

异常处理与重传机制：监测通信过程中的异常情况，如数据丢失、传输错误等，及时进行处理和恢复。

实现自动重传机制，确保数据的完整性和准确性，提高通信的可靠性。

多线程结构：包括接收线程、发送线程、解析入库线程和库检测线程等，各个线程协作完成通信任务，提高系统的并发处理能力。

数据缓冲区管理：使用上行缓冲区和下行缓冲区分别缓存终端发送的数据和要下发的命令或数据，确保数据传输的顺序和完整性。

定时查询数据库：库检测线程定时查询数据库中的下行数据表，获取 Web 系统要下发的数据，将数据封装成负控规约帧发送给终端。

日志记录与统计：记录通信过程中的重要事件和异常情况，生成日志文件，以便于故障排查和系统优化。

统计通信的成功率、响应时间等指标，为系统性能的评估和优化提供数据支持。

通过以上功能，终端通信管理模块实现了终端数据的可靠存储和主站命令的有效下发，保证了配变抄表监测系统的正常运行和数据传输。

3. 数据库

针对配变抄表监测系统中负控规约的要求，需要设计一个与之匹配的数据库结构，以支持终端上传数据的存储和管理。以下是针对不同类型数据的数据库设计建议。

参数数据表：参数数据表应分为多张表，每张表保存一部分参数，根据参数的功能区别进行分类，如终端参数、测量点参数、总加组参数等。

每个参数表以终端地址为标识，将参数与终端一一对应，同时需要定义合适的字段来存储参数值及其描述信息。

一类数据表（实时数据）：一类数据表可以分为针对终端、测量点和总加组的三类，每类数据表保存对应对象的实时数据。

每个表中应包含终端地址、时间戳等字段，以及实时测量数据、终端状态等具体数据字段。

二类数据表（历史数据）：二类数据表根据冻结时段和冻结对象进行分类，如日冻结、抄表日冻结、月冻结等，以及对测量点数据和总加组数据进行区分。

每个表中应包含终端地址、时间戳等字段，以及具体的冻结数据字段，如电量、功率等。

三类数据表（事件数据）：三类数据表为每种事件建立一张表，以终端地址和时间为主键记录事件发生的信息。

每个事件表应包含事件类型、发生时间、终端地址等字段，以及事件描述、状态量变位等具体信息字段。

在设计数据库结构时，需要考虑数据查询和更新的效率，合理选择索引、分区等技术，确保数据库能够快速响应各种查询请求。同时，需要考虑数据的持久性和一致性，采用适当的备份和恢复策略，以及事务处理机制，从而保证数据的安全和可靠性。

第五章 配电网自动化远方终端

第一节 配电网终端的功能及构成

一、配电网终端的功能

（一）主要功能

1. DSCADA 测控功能

DSCADA 系统的测控功能主要包括遥测、遥信和遥控三个方面，它们在配电网自动化系统中起着至关重要的作用。

遥测功能：遥测功能用于测量电力系统中的各种电气参数，包括电压、电流、功率、功率因数、电量、频率等。这些参数能够反映系统的运行状态和电气特性。

此外，遥测功能还可以接入直流输入量，用于监测后备电源蓄电池的电压和供电电流等信息，以确保系统的可靠供电。

遥信功能：遥信功能主要用于接收配电开关、储能机构、装置控制等设备的辅助接点信号。这些信号通常表示设备的工作状态、告警信息或控制命令。

通过遥信功能，系统可以及时感知设备的状态变化，如开关的合闸或跳闸、储能机构的正常信号等，以实现对电网状态的实时监测和管理。

遥控功能：遥控功能包括配电开关的合闸和跳闸控制，以及其他辅助功能的控制，如蓄电池活化控制等。

通过遥控功能，系统可以远程控制配电开关的操作，实现对电网设备的远程控制和管理。例如，可以远程对开关进行合闸或跳闸操作，或者控制蓄电池的充放电过程，以确保电网安全、稳定地运行。

总之，DSCADA 系统的测控功能能够实现对配电网的实时监测、状态感知和远程控制，为电力系统的安全运行和智能管理提供了重要支持。

2. 短路故障检测功能

配电网自动化系统的核心功能是馈线故障定位、隔离与自动恢复供电

（fault location, isolation and service restoration，FLISR）。这要求配电网终端能够采集并上报故障信息，这是与常规 RTU 的一个重要区别。

短路故障包括相间短路故障与小电阻接地系统中的单相接地短路故障。对于线路故障区段的定位，配电网自动化系统主站只需要知道配电网终端所监视的开关是否有短路故障电流流过，而不需要精确测量故障电流等数据。因此，终端只需产生一个表示有故障电流流过的“软件开关量”上报即可。在闭环运行方式的配电环网中，终端还需要测量并上报故障电流的方向信息。

通常情况下，配电网终端需要采集故障电流、电压、故障发生时刻、故障历时等信息，以更好地支持配电网自动化系统的故障管理功能。在实际应用中，可以像故障录波器一样记录故障电压、电流的波形；为了简化装置的构成和减少数据传输量，也可以只记录几个关键的故障电流、电压幅值，如故障发生及故障切除前后的值。

对于配电变压器终端，通常只需采集、记录负荷变化的情况，一般不要求进行故障检测。但某些配电网自动化系统设计方案可能要求终端能够记录故障电流幅值与故障历时等信息。

3. 小电流接地故障检测功能

配电网终端在检测小电流接地系统的单相接地故障中扮演着重要角色，其功能包括记录零序电流与电压信号，以供配电网自动化系统确定小电流接地故障点的位置。

在小电流接地系统发生单相接地故障时，由于故障电流微弱，检测相对困难。目前，常用的小电流接地故障检测方法主要包括以下几种。

零序电流法：这种方法通过检测电网中的零序电流来识别接地故障。接地故障会导致零序电流的异常增加，因此通过监测零序电流的变化可以间接地确定接地故障的位置。

零序功率方向法：这种方法利用零序电压和零序电流之间的相位关系来判断接地故障的位置。接地故障点的位置与零序功率的方向有关，因此可以通过监测零序功率方向的变化来定位接地故障。

注入信号法：这种方法是通过向电网注入特定的信号，然后监测信号在电网中的传播情况来检测接地故障。接地故障会改变电网的传输特性，因此可以通过监测信号的变化来确定接地故障的位置。

暂态法：这种方法利用故障时电网的暂态响应特性来检测接地故障。接地故障会引起电网的电压或电流的瞬时变化，因此可以通过监测这些暂态信号来确定接地故障的位置。

这些方法各有优劣，可以根据具体情况选择合适的方法来进行接地故障的检测和定位。

4. 保护功能

配电网终端在用于监控变电站线路出口断路器以及各种开关（如馈线分段开关、分支线路开关、环网柜用户出线开关、开闭所出线开关）时，需要具备完善的保护功能，以确保电网的安全稳定运行。这些保护功能主要包括以下几种。

相间短路电流保护：当线路出现相间短路故障时，终端应能及时检测并启动保护动作，将故障区隔开来，防止故障扩散。

零序电流保护：零序电流保护主要用于检测地线故障，如单相接地故障。终端应能够监测零序电流的变化，并在必要时进行保护动作。

反时限电流保护：反时限电流保护用于区分不同类型的故障，并根据故障类型的不同选择合适的保护动作时限，以提高保护的准确性和可靠性。

失压保护：失压保护用于检测电网的供电情况，当电网出现失压情况时，终端应及时做出相应的保护动作，确保系统安全运行。

自动重合闸：自动重合闸功能用于在故障被隔离后，自动恢复供电，减少停电时间，提高供电可靠性。

这些保护功能对于配电网的安全稳定运行至关重要。配电网终端需要能够准确地监测电网状态，并根据预设的保护逻辑做出及时有效的保护动作，以确保电网的安全运行和设备的可靠性。

5. 负荷监测功能

负荷监测功能对于配电变压器终端至关重要，特别是在供电企业设计的配电网自动化系统中，要求站所终端和馈线终端也具备负荷监测功能，以记录线路的主要运行参数。这些功能如下。

实时运行数据采集功能：用于实时监视负荷情况，采集运行数据如电压、电流、功率、功率因数等。数据采集周期通常较短，如每隔 2 分钟采集一次数据，以保证对负荷运行状态的及时监测。

负荷记录功能：用于记录主要反映负荷运行特征的参数，保存在掉电不丢失的内存中。记录的运行参数包括选定时刻（通常为整点时刻）的电压、电流、功率、功率因数、有功电能、无功电能等，以及一段时间内的最大值、最小值及其出现时间，以及供电中断时间与恢复时间等。这些记录的数据在通信中断时仍可获取，并降低了对通信实时性的要求，使主站可以在相对空闲时读取负荷监视数据。

负荷统计功能：主要用于统计电压合格率、供电可靠性等参数，以评估配电网的运行状况。这些统计数据对于分析配电网的运行质量、发现潜在问题具有重要意义。

这些负荷监测功能有助于配电网运行人员及时了解负荷的运行状态，提高配电网的运行效率和可靠性。在实际工程中，出于成本考虑，通信通道不一定被提供给所有的终端，因此通常依靠人工定期读取负荷记录数据。

6. 电能质量监测功能

电能质量的关注度日益增加，因此一些供电企业建立了电能质量的在线监测系统，以便准确评估电网的电能质量状况，并及时采取措施提高电能质量。在这种情况下，配电网自动化系统可以集成电能质量监测功能，避免了建立专用监测系统所带来的额外投资。

配电网终端在实现电能质量监测功能时，关键是能够实时采集电能质量信息。传统的微处理器处理能力有限，难以满足电能质量数据的实时采集和处理需求。然而，近年来新设计的产品普遍采用快速数字信号处理芯片（DSP），这使得配电网终端能够在保证基本测控功能的同时，还能够完成电能质量数据的实时采集、处理和上传功能。

配电网终端采集记录的电能质量数据主要包括对用户影响最大的谐波、电压骤降数据，有时也需要记录电压闪变参数。一般而言，按照基本应用要求设计的配电终端可以采集到 32 次谐波，这可以满足绝大部分工程应用的需求。但在极个别情况下，可能需要采集更高次谐波，这就需要设计专门的谐波采集终端。此外，对于记录电压闪变参数，需要具备较高的软硬件要求，有时可能需要进行专门的设计。

在实际工程应用中，电能质量检测通常作为配电网终端的一个选配功能，根据实际监测需求配置相应的电能质量参数。这种灵活性可以根据具体情况定制系统，以满足不同用户的需求。

7. 同步相量测量功能

随着智能配电网技术的不断发展，一些高级应用功能的需求也逐渐凸显。其中包括合环操作电流分析以及基于故障电流相位比较的差动保护等功能。这些功能需要获取被监控节点的电压和电流的相位信息，因此配电网终端需要具备同步相量测量功能。

同步相量测量功能能够实时测量电网节点的电压和电流的相位信息，为高级应用功能提供必要的数据支持。通过获取节点的电压和电流相位信息，系统可以进行合环操作电流分析，从而更好地掌握电网的运行状态，提高供电可靠性和稳定性。此外，基于故障电流相位比较的差动保护也需要准确的相位信息，以便及时准确地检测和定位电网中的故障。

在一些情况下，分段开关两侧都会安装电压互感器或传感器。在这种情况下，配电网终端需要能够测量开关两侧电压相量差。这样的功能可以为调度员提供重要的依据，帮助其判断是否适合进行合环操作，从而更好地管理和控制配电网的运行状态。

8. 就地控制功能

在实际工程应用中，要求配电网终端具备一些就地控制功能，而不仅仅依赖于主站的指令，这是其与传统 RTU 的一个重要区别。

就地控制功能主要包括以下几个方面。

柱上开关控制：柱上开关终端能够进行架空线路柱上开关的就地重合控制，从而完成就地控制型馈线自动化功能。

配电站所控制：配电站所终端能够进行备用电源自投与线路故障的自动隔离，确保配电系统的稳定运行。

无功补偿控制：配电变压器终端能够根据电压与无功变化自动控制无功补偿电容的投切，优化电网的功率因数，提高能源利用效率。

保护功能：配电网终端还要具备基本的保护功能，如相间短路保护、零序电流保护等，确保电网设备和人员的安全。

配电网终端的就地控制功能可以通过以下两种方法实现。

预设功能：设备厂家预先设计好具体的就地功能，并在终端上通过软件编程实现。用户可以根据实际需求，在配电终端的配置文件中编辑选配所需的控制功能。这种方法的优点是开发工作量小、用户使用简单，但功能相对有限、灵活性不高。

PLC 功能：配电网终端具备标准的可编程逻辑控制器（PLC）功能，厂家提供在 PC 机上运行的 PLC 编程软件。用户可以通过编程软件对终端的模拟输入、开关输入和开关输出进行编程，实现所需的逻辑控制功能。这种方法的优点是功能强大、通用性强、应用方便，但需要较大的开发工作量，并对终端的处理能力和操作系统提出了较高的要求。

9. 分布式控制功能

在智能配电网中，实现故障自愈、电压无功控制、广域保护等功能通常需要多个监控站点的数据，这种功能称为广域控制功能。传统上，这些功能由控制中心的配电网自动化主站完成，但其处理速度往往难以满足实时性要求。

为了提高响应速度，配电网终端可以通过对等通信系统与其他配电网终端交换数据，自主地处理收集到的数据，并进行控制决策。这种方式称为分布式控制，其不依赖配电网自动化主站，而是依赖于各个配电网终端之间的协同作用。

分布式控制要求配电网终端具备以下特点。

支持对等通信：配电网终端需要能够与其他终端进行对等通信，实现数据的传输和交换。

具有足够的数据处理能力：终端需要拥有足够的数据处理能力，能够实时处理收集到的数据，并作出相应的控制决策。

满足实时性要求：分布式控制要求终端的响应速度较快，能够在接收到数据后及时做出反应，满足控制的实时性要求。

举例来说，分布式馈线自动化就是分布式控制的一个应用场景。在该场景中，各个配电网终端可以通过对等通信系统共享信息，协同地实现对馈线的自动化控制，从而提高配电网的运行效率和可靠性。

（二）功能配置

为方便读者阅读，将不同类型配电网终端功能配置归纳于表 5-1。其中打“√”的为必备功能，打“*”的为选配功能，打“—”的为该项功能不适用。

表 5-1 不同类型配电网终端功能配置

功能类型	配电站所终端（DSTU）		馈线终端（FTU）		配电变压器终端（TTU）
	开闭所终端	配电所、箱变终端	环网柜终端	柱上开关终端	
DSCADA 测控	√	√	√	√	√
短路故障检测	√	√	√	√	*
小电流接地故障检测	√	√	√	√	—
保护	*	*	*	*	—
负荷监测	*	*	*	*	√
电能质量监测	*	*	*	*	*
相量测量	*	*	*	*	*
就地控制	*	*	*	*	*
分布式控制	*	*	*	*	—
Web 浏览	*	*	*	*	*
配置与维护	√	√	√	√	√

二、配电网终端的构成

（一）基本构成

配电网终端一般由中心测控单元、人机接口电路、通信终端、操作控制回路、电源回路五部分组成，如图 5-1 所示。

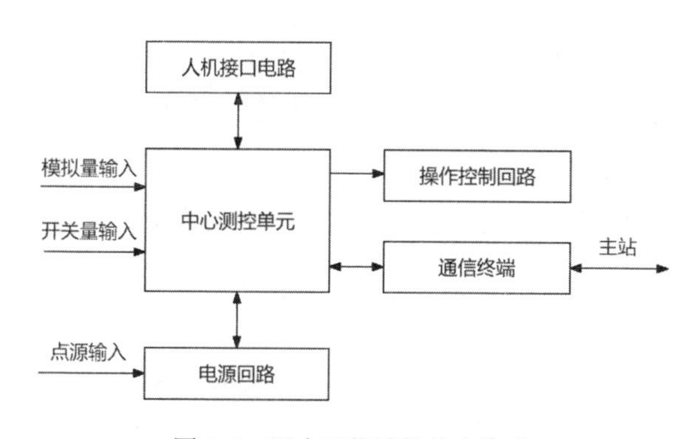

图 5-1 配电网终端的基本构成

1. 中心测控单元

配电网终端的核心部分简称为测控单元，其主要功能包括采集模拟量和开关量输入信号，计算电压、电流、有功功率等运行参数，进行故障检测和记录，输出控制量，实现就地控制和分布式控制，以及进行远程通信等。测控单元具有灵活配置的特点，能够满足不同工程的应用要求。

由于配电网终端应用数量庞大，一个中等规模的配电网自动化系统可能需要安装数千套终端。另外，不同的应用场合对配电网终端的输入、输出路数和功能都有不同的要求。为了避免产品种类过多、开发工作量大，以及给安装调试、管理维护带来不便，目前市场上主流的配电网终端采用平台化、模块化设计。这种设计使得终端的输入量、输出量和通信接口可以根据实际需要进行配置，而且具备开放式应用程序接口（API），能够支持各种就地和分布式控制应用的需求。这样的设计使得配电网终端更加灵活、智能化，并且能够适应不断变化的配电网自动化需求。

2. 人机接口电路

配电网终端的配置与维护通常由维护人员完成，这些任务包括输入故障检测定值的设置、I/O 配置参数的调整，以及显示电压、电流、功率等测量数据以及装置运行状态的信息。为了简化构成并提高可靠性，许多配电网终端并不配备显示单元和键盘。

相反，维护人员通常会使用便携式 PC 机来执行这些配置和维护任务。他们通过维护通信口与配电网终端进行通信，以及进行所需的设置和调整。这种设计可以提高终端的灵活性和可靠性，并使得配置和维护任务更加便捷和高效。

3. 通信终端

通信终端，又称通信适配器，是连接于测控单元的设备，其主要功能是实现与配电网自动化通信系统的连接。通信终端通常通过以太网接口或 RS-232 串行接口与测控单元连接。

根据所连接的通信通道类型的不同，通信终端可分为以下几种类型。

光纤终端：通过光纤通信通道与配电网自动化通信系统进行连接，通常用于远距离通信或抗干扰能力较强的环境。

无线终端：通过无线通信技术（如无线局域网、蜂窝网络等）与配电网自动化通信系统进行连接，适用于移动性要求较高或无法布设有线通信设施的场景。

调制解调器：用于模拟通道或载波通道的通信终端，通过调制解调器与配电网自动化通信系统进行连接，通常用于传统的模拟通信线路或电力载波通信线路。

这些通信终端的选择取决于具体的应用场景、通信要求和技术条件，以确保与配电网自动化通信系统的稳定连接和高效通信。

4. 操作控制回路

其中设计有操作面板，以显示被控开关的当前位置状态，并提供人工操作开关的按钮。

5. 电源回路

为配电网终端提供各种工作电源。站所终端外部输入电源一般取自站所内的交流 220V 自用电源（用于开关操作），在自用电源中断时，使用站所内交流不间断电源（UPS）提供备用电源。站所终端的电源输入取自配电变压器低压侧输出。对于馈线终端来说，通常使用电压互感器在提供电压测量取样信号的同时，为馈线终端供电；馈线终端电源配备蓄电池，在线路停电时为自身电路提供不间断供电，同时提供开关操作电源。

（二）测控单元技术

配电网终端需要可靠的工作电源以确保其正常运行。根据不同的安装位置和功能需求，配电网终端可以采用以下不同的电源供应方式。

1. 站所终端

外部输入电源：通常取自站所内的交流 220V 自用电源，用于终端的基本操作和功能。

备用电源：当自用电源中断时，使用站所内的交流不间断电源作为备用电源，确保终端在停电时仍能正常运行。

2. 馈线终端

电压互感器供电：通过电压互感器提供电压测量取样信号的同时，为馈线终端供电，通常用于位于馈线上的终端。

蓄电池备用电源：馈线终端配备蓄电池，在线路停电时为自身电路不间断供电，同时提供开关操作电源，确保终端在停电时能继续运行。

这些电源供应方式保证了配电网终端在不同情况下的持续供电，从而保障了系统的稳定性和可靠性。

（三）配电站所终端的构成

配电站所终端是配电网自动化系统中的重要组成部分，其主要功能是对配电站所的设备进行监控、控制和数据采集。以下是配电站所终端的基本构成。

1. 测控单元

测控单元是配电站所终端的核心部分，负责实时采集配电站所内各种设备的运行参数，如电压、电流、功率等。

它还负责进行故障检测、故障信号记录、控制量的输出以及就地控制与分布式控制等功能。

2. 通信模块

通信模块负责与配电网自动化通信系统进行连接，将采集到的数据上传至控制中心，同时接收来自控制中心的指令，实现远程监控和控制功能。

根据通信需求，通信模块可以包括以太网接口、RS-232 串行接口等，并可以连接光纤终端、无线终端或调制解调器等不同类型的通信设备。

3. 电源模块

电源模块为配电站所终端提供工作电源，确保其正常运行。

电源模块通常包括外部输入电源和备用电源两部分，以保证在主电源中断时仍能有稳定的电源供应。

4. 配置与维护接口

配电站所终端通常配备有配置与维护接口，用于维护人员对终端进行配置、参数设置和维护操作。

这些接口可以通过便携式 PC 机或其他维护设备进行连接，实现对终端的远程配置和维护。

5. 显示单元与键盘（可选）

一些配电站所终端配备有显示单元和键盘，用于显示电压、电流、功率等测量数据，以及反映装置运行状态的信息。

这些显示单元和键盘可以帮助维护人员直观地了解终端的运行状态，并进行相应的操作和维护。

配电站所终端通过以上组成部分，可实现对配电站所内设备的全面监控和有效管理，为配电网的安全稳定运行提供了重要保障。

（四）环网柜终端的构成

环网柜终端是智能配电网中的重要组成部分，主要用于监测、控制环网柜内的设备和线路状态，并与配电网自动化系统进行通信。以下是环网柜终端的基本构成。

测控单元：测控单元是环网柜终端的核心部分，负责采集环网柜内各种设备的运行参数，如电压、电流、功率等。它还负责进行故障检测、故障信号记录、控制量的输出以及就地控制与分布式控制等功能。

通信模块：通信模块负责与配电网自动化通信系统进行连接，将采集到的数据上传至控制中心，并接收来自控制中心的指令，实现远程监控和控制功能。

通信模块可以包括以太网接口、RS-232 串行接口等，并连接到光纤终端、无线终端或调制解调器等通信设备。

电源模块：电源模块为环网柜终端提供工作电源，确保其正常运行。

电源模块通常包括外部输入电源和备用电源两部分，以保证在主电源中断时仍能有稳定的电源供应。

配置与维护接口：环网柜终端通常配备有配置与维护接口，用于维护人员对终端进行配置、参数设置和维护操作。

这些接口可以通过便携式 PC 机或其他维护设备进行连接，实现对终端的远程配置和维护。

显示单元与键盘（可选）：一些环网柜终端配备有显示单元和键盘，用于显示环网柜内设备和线路的状态信息，并进行相应的操作和维护。

这些显示单元和键盘可以帮助维护人员直观地了解环网柜的运行状态，及时处理异常情况。

环网柜终端通过以上组成部分，实现对环网柜内设备和线路的实时监测、远程控制和故障处理，为智能配电网的安全稳定运行提供了重要支持。

（五）柱上开关终端的构成

柱上开关终端是智能配电网中的重要组成部分，用于监测、控制柱上开关及其相关设备的状态，并与配电网自动化系统进行通信。以下是柱上开关终端的基本构成。

测控单元：测控单元是柱上开关终端的核心部分，负责采集柱上开关及其相关设备的运行参数，如电压、电流、状态等。

它还负责进行故障检测、故障信号记录、控制量的输出以及就地控制与分布式控制等功能。

通信模块：通信模块负责与配电网自动化通信系统进行连接，将采集到的数据上传至控制中心，并接收来自控制中心的指令，实现远程监控和控制功能。

通信模块可以包括以太网接口、RS-232串行接口等，并连接到光纤终端、无线终端或调制解调器等通信设备。

电源模块：电源模块为柱上开关终端提供工作电源，确保其正常运行。

电源模块通常包括外部输入电源和备用电源两部分，以保证在主电源中断时仍能有稳定的电源供应。

配置与维护接口：柱上开关终端通常配备有配置与维护接口，用于维护人员对终端进行配置、参数设置和维护操作。

这些接口可以通过便携式PC机或其他维护设备进行连接，实现对终端的远程配置和维护。

显示单元与键盘（可选）：一些柱上开关终端配备有显示单元和键盘，用于显示柱上开关及其相关设备的状态信息，并进行相应的操作和维护。

这些显示单元和键盘可以帮助维护人员直观地了解柱上开关的运行状态，及时处理异常情况。

柱上开关终端通过以上组成部分，实现对柱上开关及其相关设备的实时监测、远程控制和故障处理，为智能配电网的安全稳定运行提供了重要支持。

（六）配电变压器终端的构成

配电变压器终端在智能配电网系统中扮演着重要的角色，负责监测配电变压器及其周围设备的状态，实现对其电能质量、运行情况的监测和管理。通常，配电变压器终端的构成包括以下几个主要部分。

测控单元：测控单元是配电变压器终端的核心部分，负责采集变压器的电压、电流、有功功率、无功功率等运行参数。

它还可以进行故障检测与记录、控制量输出等功能，以及与配电网自动化系统进行通信，实现数据的传输和控制命令的接收。

电源模块：电源模块为配电变压器终端提供工作电源，以确保其正常运行。

电源模块通常包括外部输入电源和备用电源两部分，以保证在主电源中断时仍能有稳定的电源供应。

通信模块：通信模块负责与配电网自动化通信系统进行连接，将采集到的数据上传至控制中心，并接收来自控制中心的指令，实现远程监控和控制功能。

通信模块可以包括以太网接口、RS-232 串行接口等，并连接到光纤终端、无线终端或调制解调器等通信设备。

显示单元与键盘(可选)：一些配电变压器终端可能配备有显示单元和键盘，用于显示变压器及其相关设备的状态信息，并进行相应的操作和维护。

这些显示单元和键盘可以帮助维护人员直观地了解变压器的运行状态，及时处理异常情况。

配置与维护接口：配电变压器终端通常配备有配置与维护接口，用于维护人员对终端进行配置、参数设置和维护操作。

这些接口可以通过便携式 PC 机或其他维护设备进行连接，实现对终端的远程配置和维护。

配电变压器终端通过以上组成部分，实现对配电变压器及其周围设备的实时监测、远程控制和故障处理，为智能配电网的安全稳定运行提供了重要支持。

（七）馈线终端后备电源的构成

馈线终端的后备电源主要是为了在主电源中断时，保证终端设备的正常运行，从而确保配电系统的持续供电和运行。通常，后备电源的构成包括以下几个主要部分。

蓄电池：蓄电池是后备电源的核心组成部分，主要用于储存电能，在主电源中断时提供电力支持。

蓄电池通常采用铅酸电池或锂电池，其具有较高的能量密度和较长的寿命，能够在短时间内提供稳定的电源输出。

充电模块：充电模块负责对蓄电池进行充电，以保持其充足的电能储备。

充电模块通常包括充电电路和充电管理系统，能够根据蓄电池的状态实时调节充电电流和电压，确保充电过程安全、可靠。

开关电源模块：开关电源模块是将蓄电池提供的直流电转换为终端设备所需的稳定直流电的装置。

开关电源模块通常包括直流—直流变换器和功率转换电路，能够将蓄电池输出的电压稳定在设备所需的工作电压范围内。

电压互感器（可选）：在一些情况下，馈线终端可能会安装电压互感器，用于提供电压测量的取样信号，并同时为馈线终端供电。

电压互感器通常与蓄电池并联进行连接，使其能够在主电源中断时，通过电压互感器向馈线终端供应所需的工作电压。

通过以上组成部分，馈线终端的后备电源能够在主电源中断时，快速地切换到蓄电池供电状态，保证终端设备的正常运行，从而确保配电系统的持续供电和运行。

第二节　配电网终端的故障检测技术

一、相间短路故障检测

在配电网终端中，过电流保护的设置至关重要，特别是针对相间短路故障的检测。以下是关于过电流保护设置的一些原则和技术细节。

（一）电流整定值选择原则

电流整定值的选择应该考虑到躲过最大负荷电流值，并与变电站线路出口断路器Ⅲ段保护定值相配合。这样可以确保在最大负荷情况下和变电站保护配合时，终端过电流保护不会误动。

为了保证在变电站保护动作切除故障时可靠启动检测故障，过电流检测定值通常要比出口断路器Ⅲ段保护的动作定值低 1.1 倍（除以 1.1）。

（二）对冷起动电流的处理

配电线路在合闸时，配电变压器可能产生明显的励磁涌流，加上电动机起动电流的影响，导致线路出现冷起动电流，其幅值可能远大于额定电流，持续时间较长（超过 200ms）。

为了避免冷起动电流误动过电流保护元件，通常会引入一个较大的动作延时，以确保躲过冷起动电流。

（三）过电流保护的漏检问题

考虑到过电流保护元件误动的情况，可以引入一个“零流”检测判据，在检测到过电流后一段时间内（一般设为 3s），如果检测到电流降至零，判断为发生了短路故障。

如果具备电压检测条件，也可以利用故障切除后线路不带电的特征，将线路失压作为判断故障是否被切除的条件之一。

通过以上设置，配电网终端的过电流保护可以在保证对故障的快速响应的同时，避免因负载变化或冷起动电流等引起的误动作，提高了配电系统的可靠性和安全性。

在配电网终端中使用保护型电流互感器提供电流测量信号是一种常见的做法，因为这种类型的互感器具有广泛的动态范围，适用于各种负载情况和故障条件。然而，在负载较轻的情况下，保护型电流互感器可能输出接近零值的二次电流信号，导致难以有效地监视负荷电流的变化。

为了解决这种小电流信号的测量问题，可以采取一些调整措施，其中之一是降低配电网终端中 A/D 转换输入的动态范围，如选用 8 倍的额定电流。通过降低 A/D 转换输入的动态范围，当实际短路电流超过 8 倍的额定值时，采集的电流信号会出现截断饱和现象。这意味着虽然电流幅值的准确测量会受到影响，但至少在 8 倍额定电流以上，可以保证可靠地检测到故障。

这种方法的优点在于可以在负载较轻的情况下仍然保持对故障的可靠检测，但需要注意的是，在应用中需要权衡准确度和灵敏度之间的关系，并根据具体的系统要求做出相应的选择。

二、单相接地短路故障检测

单相接地短路故障指的是在小电阻接地的配电网中，某一相线路发生了对地的短路情况。

配电网终端通常通过检测零序电流大小来识别接地短路故障。设定零序电流检测值的原则是确保能够避开系统正常运行时的最大不平衡电流，同时考虑到在配电网终端上游系统发生单相接地故障时流过的最大零序电流，并与变电站出口断路器零序电流Ⅲ段保护的设定值配合（低于Ⅲ段定值的 1.1 倍）。

在实际情况下，由于线路出口断路器保护与配电网终端获取零序电流的方式可能不一致，难以在设定值上进行配合。因此，可以根据确保零序电流检测元件在单相接地短路时可靠动作的原则来选择其动作设定值。

实际的接地短路电流通常在数百安培级别。当其他部分的配电网发生单相接地故障时，流经配电网终端安装处的零序电流主要是下游线路的电容电流，一般不超过 20A。

如果配电网终端采用零序电流互感器获取零序电流，正常运行时几乎不存在不平衡电流值，因此可以将零序电流检测元件的动作设定值选取为 30A 左右。

如果配电网终端通过将三个相电流输入相加的方式来获取零序电流，那么不平衡电流值会较大，此时可以选择将零序电流的动作设定值定为50A左右。

三、使用饱和型或测量型电流互感器检测短路故障

（一）使用饱和型电流互感器检测故障

饱和型电流互感器的铁芯由高导磁率的材料做成并带有气隙，在一次电流低于额定值时，具有较高的测量精度与线性度，但在出现饱和时输出电流间断角较小，仍然具有较高的幅值与较长的持续时间，如图5-2所示。

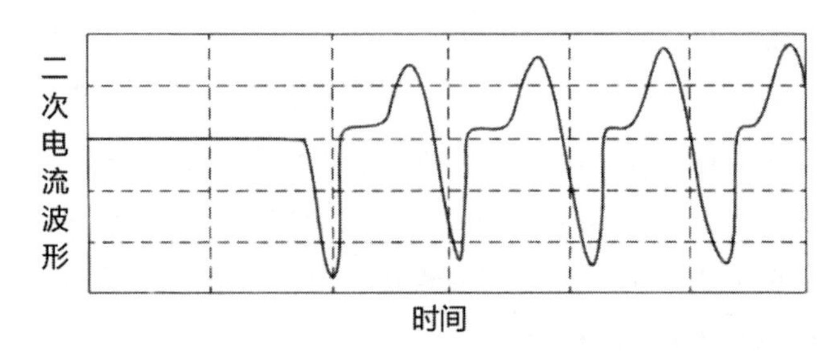

图5-2　饱和型电流互感器饱和后的二次电流输出波形示意图

在分段开关中使用饱和型电流互感器时，其饱和电流值通常被设置为额定电流的4～8倍。这样的设置可以在线路正常运行时确保电流测量的准确性。然而，在线路发生短路时，电流互感器可能会饱和，导致电流输出出现间断，从而使得常规的过电流检测方法（如傅里叶变换算法）失效。

为了解决这个问题，在实际工程中可以采用以下两种方法来检测过电流。

电流瞬时值法：这种方法通过监测电流的瞬时值来检测过电流。当短路发生时，电流瞬时值会显著增加，超出正常运行时的范围，从而触发过电流保护装置。

正弦电流拟合法：这种方法利用电流信号的周期性特征，将实际电流信号与预期的正弦波形进行比较。当电流信号的形状与正弦波形不匹配时，可能表明发生了短路或其他异常情况，从而触发过电流保护装置。

这两种方法可以在电流互感器饱和时有效地检测到过电流，从而保护电力系统的安全运行。

1. 电流瞬时值法

瞬时采样值是指电流在某一瞬间的采样值，简称瞬时值。在瞬时值超过预设整定值并且持续一定时间时，会被判定为出现短路现象。通常情况下，瞬时电流的整定值会被设定为大于线路最大负荷电流峰值。

发生短路时，饱和型电流互感器可能会出现饱和现象。然而，由于铁芯中仍然存在一定的气隙，导致饱和型电流互感器在饱和时输出电流间断角度较小。因此，即使出现饱和，二次输出的最大瞬时值仍然远远大于正常运行时的最大负荷电流峰值。这样的设计完全可以保证过电流的可靠检测，即使在电流互感器饱和的情况下也能够准确地检测到过电流现象。

2. 正弦电流拟合法

利用每半周波电流互感器从过零点到饱和前这段时间的输出，可以估算出一次工频正弦电流的幅值。为避免故障电流中直流分量的影响，一般使用故障后 3 个周波以后的数值进行估算。

先估算二次故障电流幅值，可以假定二次电流波形具有标准的工频正弦变化规律。任意选择一个周波，以该周波波形的起始点即过零点作为计算的时间起点，波形的初始相角为零，待估计的信号为：

$$i = \sqrt{2} \times I_{\mathrm{m}} \times \sin(\omega t) \tag{5-1}$$

式中：ω 为工频角频率；I_{m} 是待求的电流幅值。

因此，只要知道对应的电流瞬时值 i，即可求出 I_{m}，但这样很难保证估计的精度。在实际工程中，采用最小二乘算法估计电流幅值，以克服干扰影响，提高算法可靠性。

（二）使用测量型电流互感器检测故障

应用测量型电流互感器可以保证电流测量的精度。然而，在线路发生短路时，测量型电流互感器会出现严重的饱和现象，导致输出电流间断角度较大，其幅值小于饱和型电流互感器的输出，并且持续时间也明显变短。因此，通过检测电流瞬时值来判断故障变得困难，而正弦电流拟合法的可靠性也受到影响。在实际应用中，可以通过检测电流输出是否出现间断角来判断是否出现了过电流现象，从而实现对故障的检测（图 5-3）。

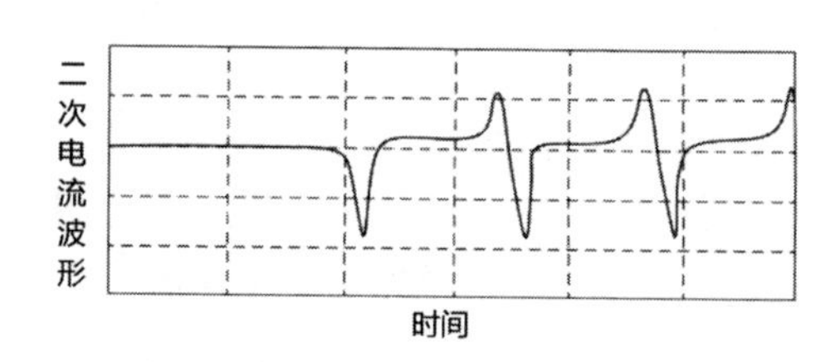

图 5-3　测量电流互感器饱和时的二次输出波形

首先找到二次电流输出的每半个周波的起始点即波形的过零点，然后找出半个周波内二次输出绝对值的最大值（称为峰值），将数值小于一个门槛值（可设为峰值的 10%）的采样值看成零值。找出半个周波内波形中零值对应的时间长度 t，就可以求出电流互感器电流输出波形的间断角 α。当 α 大于某设定的门槛（称为间断角门槛）时，则认为出现了饱和现象。

应用测量型电流互感器检测故障，电流互感器不需要专门设计，简单易行，但故障检测算法较为复杂。为提高故障检测可靠性，可适当扩大测量型电流互感器动态范围，将饱和电流值选为 4 ～ 8 倍的额定电流值。

四、小电流接地故障检测

小电流接地故障的检测一直是一个挑战。目前，国内建设的配电网自动化系统通常只能实现短路故障的定位与隔离功能，而无法处理小电流接地故障。然而，在实际情况中，小电流接地故障占比超过 70%，这大大降低了配电网自动化系统的应用效果。近年来，对小电流接地故障定位技术的研究取得了重大进展，为配电网自动化系统实现小电流接地故障的检测与隔离提供了条件。

目前采用的小电流接地故障定位方法主要包括以下几种。

零序电流幅值法：通过比较沿线配电网终端检测到的稳态零序电流幅值，来判断故障区段。在谐振接地系统中，需要在发生接地故障后通过中性点投入中电阻或改变消弧线圈的补偿度，以产生足够大的零序电流，从而保证检测的灵敏度。

零序电流功率方向法：通过比较零序电流与零序电压的相位来检测零序电流的方向。在中性点不接地配电网中，采用零序无功功率方向法指示故障；在谐振接地配电网中，采用零序有功功率方向法指示故障。

注入信号法：在变电站向系统施加特定频率的信号，然后使用移动或固定安装的信号检测装置判断故障位置。

暂态零模电流功率方向法：配电网终端利用暂态零模电压与电流计算出故障方向，通过比较故障方向选择故障区段。

暂态零模电流波形比较法：通过比较线路区段两侧配电网终端检测到的暂态零模电流相似程度，来判断该区段是否发生了故障。

以上方法各有特点，可根据实际情况和投资考量选择合适的方法。零序电流幅值法比较简单，对配电网终端采样与处理能力的要求不高，但在谐振系统中需要特殊装置放大零序电流。注入信号法需要在变电站安装信号注入装置，并且在配电网终端中安装专用的检测探头。而暂态信号方法相对更为高效，不需要额外的设备，但要求配电网终端的数据处理能力较强。

为保证小电流接地故障的检测灵敏度与可靠性，配电网终端应当结合零序（模）电流与电压进行检测。常规的方法是采用零序电流滤波器获取零序电流，但这种方法会受到负荷电流的不平衡影响。近年来，一种更为有效的方法是直接采用零序电流互感器获取零序电流。这种方法相对更为简便，但在实际应用中需充分考虑配电线路的具体情况。

第三节 分布式控制技术

一、分布式控制基本概念

（一）控制方法

在分布式控制系统中，决策终端是指能够做出控制决策或发出控制命令的智能终端。根据需要的决策终端的数量，分布式控制方法可以分为协同控制和主从控制两种。

协同控制：在协同控制中，两个或两个以上的决策终端处理本地和相关智能终端的测控信息，进行控制决策并对配电设备进行操作。例如，在分布式电流差动保护中，线路两侧的智能终端根据本地和对端的故障电流测量相量做出跳闸判断。

主从控制：在主从控制中，一个智能终端作为决策终端，采集、处理相关站点的测控信息并进行控制决策；其他智能终端作为从智能终端，向决策终端传送当地配电设备的运行信息，并根据来自决策终端的命令对当地配电设备进行操作。例如，在馈线自动化应用中，变电站出口断路器处的智能终端负责采集处理相关站点的信息，并进行故障定位、隔离与供电恢复操作。

对于单设备操作任务，如分布式反孤岛保护，主从控制是更合适的选择；而对于多设备操作任务，如馈线自动化，既可以采用协同控制，也可以采用主从控制。协同控制具有数据传输量少、响应速度快的优点，但对每个智能终端的数据处理能力的要求较高；而主从控制则对从终端的数据处理能力的要求较低，控制算法也较易设计。

在分布式控制系统中，如果一个配电设备的控制决策由控制作用域内其他站点的智能终端做出，则称为代理控制方式。负责代理控制决策的智能终端称为代理终端。通过部署代理终端，可以使控制系统的结构更为清晰、明确，有利于简化控制算法的设计。

在常规的配电网自动化系统中，通常使用配电子站对一个配电小区内的开关进行控制，实现馈线自动化。配电子站是一个具有强大数据处理能力的智能终端，既是主控终端，也是配电小区的分布式控制代理终端。通过部署像配电子站这样的代理终端，可以实现控制系统的分布式控制，并在传统的配电网自动化系统中发挥重要作用。

（二）控制的启动

控制的启动，也称为控制的发起，是指智能终端何时启动分布式控制任务。在分布式控制系统中，控制任务的启动方式主要包括循环启动、事件触发和远方启动三种。

循环启动：智能终端按照预设的时间周期性地重复启动控制任务。这种启动方式适用于需要定期执行的控制任务，如周期性地对系统进行监测或调节。

事件触发：智能终端在检测到本地事件（如模拟量越限、开关量变位）或相关站点智能终端发出的事件信息后启动控制任务。事件触发启动可以是本地事件触发，也可以是接收到其他终端的事件信息触发。例如，在分布式电流保护中，终端可以在检测到本地过电流信息后启动电流保护任务；而在分布式远方跳闸反孤岛保护中，终端可以在接收到上游开关跳闸的信息后启动反孤岛保护任务。

远方启动：智能终端接收到来自主站、其他智能终端等控制主体的命令后启动控制应用任务。这种启动方式可以直接由外部命令触发，也可以是接收到一定条件下的命令触发。例如，在变电站线路出口断路器处，智能终端接收到故障隔离成功的消息后，在启动本地断路器的恢复供电操作的同时，向联络开关智能终端发出启动恢复供电操作的命令，联络开关处智能终端接收到该命令后启动联络开关的恢复供电操作。

在选择分布式控制任务的启动方式时，应优先考虑事件触发启动方式。因为事件触发具有独立决策、响应速度快、能够合理地利用智能终端数据处理和通信资源等优点，能够更有效地响应系统变化和故障情况。

二、网络拓扑自动识别技术

（一）网络拓扑自动识别的必要性

智能终端完成分布式控制任务（应用），除了需要获取来自相关智能终端的测控信息，还要知道其控制域内的配电网络实时拓扑结构，称为应用拓扑。

（二）智能终端拓扑查询信息的配置

智能终端拓扑查询信息指的是智能终端通过逐级查询的方式自动获取控制域内网络的静态拓扑信息，包括以下两个方面。

局部网络静态拓扑信息：是指智能终端内部局部网络中配电设备和线路段的静态连接关系。这些信息描述了智能终端所在局部网络的拓扑结构，包括设备之间的连接方式和关系。

相邻智能终端信息：包括相邻智能终端的名称、通信地址以及两个智能终端局部网络边界的连接节点。这些信息描述了相邻智能终端之间的连接关系，以及它们在整体网络中的位置关系。

随着配电网运行过程中智能终端的安装、移除以及网络接线方式的变更，需要更新相关智能终端配置的拓扑查询信息。新的智能终端加入或者智能终端的拓扑查询信息变更后，需要向其他终端发送新的智能终端注册或拓扑查询信息变更的消息，以便其他终端更新其存储的控制域网络静态拓扑信息。

智能终端配置拓扑查询信息的作用不仅是支持智能终端获取控制域网络的静态拓扑，还使得配电网自动化主站可以通过查询智能终端获取其监控范围内的配电网络拓扑。这样的做法可以省去主站配置拓扑关系的烦琐过程，提高自动化系统的运行效率和灵活性。此外，对于支持多个配电网自动化主站以及其他配电网运行管理应用主站的智能终端，通过查询智能终端获取拓扑关系有助于减少系统配置维护工作量，提高系统运行的灵活性和效率。

（三）智能终端自动识别网络拓扑的方法

对于配置了拓扑查询信息的智能终端，在进行分布式控制决策时，可以采用类似广度搜索的方法来获取控制域内其他智能终端的静态网络拓扑关系。以下是具体的步骤。

查询相邻终端信息：智能终端查询其中一侧的相邻终端，获取其局部网络信息以及下一级相邻终端的名称与通信地址。

查询下一级相邻终端信息：智能终端查询所有下一级相邻终端，获取它们的局部网络信息以及再下一级相邻终端的名称与通信地址。

重复查询步骤：重复上述查询步骤，直至查询到控制域的边界，如线路末端开关或者变电站母线。

查询另一侧相邻终端信息：完成一侧的所有相邻终端的查询后，智能终端再查询另一侧的相邻终端，直至获取控制域内所有智能终端的局部网络拓扑信息。

构建控制域网络拓扑：根据获取到的局部网络拓扑信息，决策终端构建控制域网络的静态拓扑关系。这些拓扑信息包括智能终端之间的连接关系以及各个节点的位置关系。

在决策智能终端获取应用拓扑后，可以根据接收到的开关状态来更新实时网络拓扑信息，以保持网络拓扑信息的及时性和准确性。这样的实时更新可以帮助智能终端更好地理解和反映控制域内网络的实际运行状态。

第四节　电流、电压传感器及故障指示器的应用

一、电流、电压传感器的应用

（一）电磁型电流传感器

闭合铁芯型电流传感器和开口铁芯型电流传感器都是利用电磁感应原理来测量一次电流的设备，它们的工作原理类似，但有一些区别。

闭合铁芯型电流传感器：这种类型的传感器构造简单，整体体积小，适合低功率电流测量。其工作原理和常规电磁型电流互感器相似，但输出容量设计较低。在二次侧会并联有电阻，输出正比于一次电流的低电压信号。由于设计用于低功率测量，适用于一些对电流测量精度要求不高的场景。

开口铁芯型电流传感器：相比闭合铁芯型，这种传感器的铁芯中有较大的气隙，使用高导磁材料制成，使其在一次电流低于额定值时具有较好的测量精度和线性度。但是，在大短路电流使互感器饱和时仍然能够产生较大的峰值输

出，以确保能够可靠地检测故障。同样，它的输出也是一次电流的低电压信号。

罗氏线圈（rogowski coil）电流传感器：这种类型的传感器不使用铁芯，因此不存在铁芯饱和问题。它具有较宽的响应频带，但输出容量较小，传输距离有限。由于不含铁芯，这种传感器可以用于测量较高频率的电流，但由于其制作工艺要求高，测量稳定性相对较差，并且容易受到外部电磁干扰的影响。

选择适合的电流传感器类型取决于具体的应用场景和需求，如需要测量的电流范围、精度要求、工作环境等因素。

（二）光学电流传感器

光学电流传感器是利用法拉第磁光效应原理制成的，该效应描述了线性偏振光在透明物质中传播时，受外磁场作用而导致光的偏振面发生旋转的现象。这种旋转的角度与磁场的强度、光与磁场相互作用的长度以及材料的性质有关。

光学电流传感器的构成如下。

激光器（或光源）：产生光线的源头，通常采用激光器产生具有特定频率和波长的光线。

光纤传感探头：传感器的核心部分，光纤被缠绕在被测通电导体周围。光线通过光纤注入传感探头，探头会输出光强与周围磁场强度成正比的光信号。

量测电路：接收传感探头输出的光信号，并将其转换成电信号。通常采用光电二极管来将光信号转换为电信号。

放大与解调电路：对转换后的电信号进行放大和解调处理，以提高信号质量和准确度。

输出端：产生与一次电流成正比的电压信号，可以通过该信号来实现对电流的间接测量。

光学电流传感器的工作原理是利用光纤的偏振特性以及法拉第磁光效应来间接测量导体中的电流。通过测量光纤中的法拉第旋转角度，可以推断出周围磁场的强度，从而得知电流的大小。这种传感器具有测量精度高、抗干扰能力强等优点，适用于需要高精度电流测量的场合（图 5-4）。

（三）电磁型电压传感器

1. 电阻取流型电压传感器

电容分压器和电阻分压器都是用于测量高压回路电压并将其转换为可处理的低电压信号的装置，以便接入配电网终端进行监测和控制。然而，直接将这些传感器接入配电网终端时，对其绝缘性能和抗干扰能力有很高的要求，这可能会增加系统的复杂性和成本。

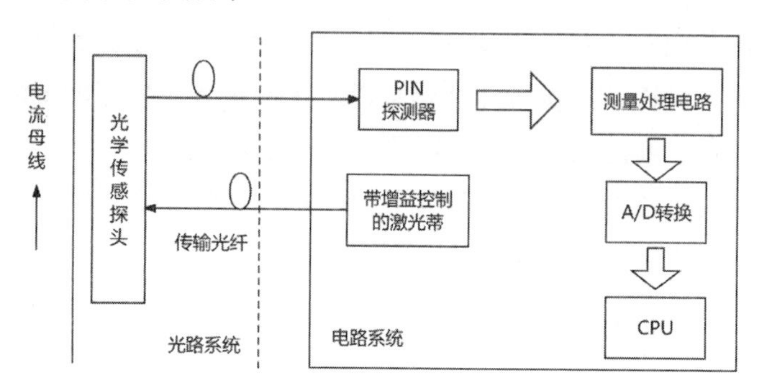

图 5-4　光学电流传感器构成图

电阻或电容取流型电压传感器通过使用变流器等元件，可以解决这些问题。在电阻取流型电压传感器中，高压电阻和变流器串联连接在被测高压回路中，并在变流器的二次侧并联一个降压电阻。这样设计的传感器在保证了高压回路电气隔离的同时，也实现了从高电压到低电压信号的转换。

具体而言，当一次电压施加到高压电阻上时，会产生一个与电压成正比的微弱电流。这个微弱电流通过变流器，经过二次侧的降压电阻，最终转换为低电压信号输出。通常情况下，这个输出电压信号会与一次电压呈线性关系，并且可以通过合适的电路调节以适应监测系统的输入要求。

电阻取流型电压传感器中使用的高压电阻通常具有很高的阻值（兆欧级别），而二次并联电阻的阻值相对较低（数百欧姆）。通过选择适合这些元件的参数，可以确保在高压回路和低压回路之间实现良好的电气隔离，并且在输出端得到符合要求的低电压信号，以供后续的处理和分析。

2. 电容取流型电压传感器

电容取流型电压传感器在解决电阻发热限制的问题上提供了一种有效的解决方案。相比于电阻取流型传感器，电容取流型传感器能够实现更高的输出容量，通常可达到十几伏安。这使得它除了能够提供电压测量信号外，还可以为二次系统提供电源供电，甚至为蓄电池充电。

在电容取流型电压传感器中，串联回路的电流与一次电压的积分成正比。因此，其二次电压输出与一次电压之间存在着近乎 90° 的相位差。这就需要在配电网终端采取相应的相位补偿措施，以确保测量系统能够准确地反映实际电压波形的特征。

相位补偿措施可以通过在测量系统中引入合适的相位校正电路来实现。这些校正电路可以根据电容取流型电压传感器的输出特性，对传感器输出信号进行相位调整，使其与一次电压波形保持一致。这样可以确保测量系统获得准确的电压信息，从而有效地监测和控制配电网的运行状态。

二、故障指示器

（一）故障指示器的构成

故障指示器的基本构成如图 5-5 所示。

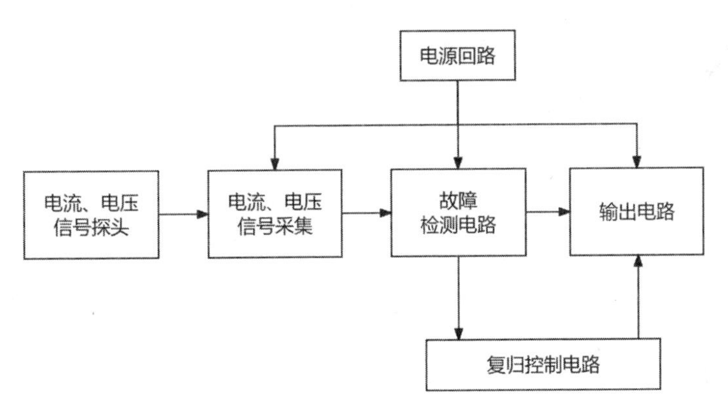

图 5-5 故障指示器构成框图

电流和电压信号探头：电流信号探头分为接触式和非接触式两种。接触式探头类似于传统的电流互感器，安装在架空线路、电缆或开关柜母排上。非接触式探头则安装在柱上架空线路下方，通过测量线路下方的磁场信号来间接测量电流。电压信号探头也有接触式和非接触式两种。接触式探头是常规电压传感器，而非接触式探头是电场传感器，通过测量线路下方的电场信号来间接测量电压。

故障检测电路：故障检测电路分为触发电路和微处理器两种。触发电路在电流信号超过整定值且电压信号低于定值时触发，发出故障指示信号。而微处理器检测故障则通过处理模 / 数转换后的电压、电流采样值来判断是否出现故障。现代的具有远传功能的故障指示器通常采用微处理器检测故障。

输出电路：输出电路包括当地显示输出和远传输出。当地显示输出用于指示故障电流的出现，有时还会指示故障的方向。远传输出通过远传终端接口向配电网自动化主站报告远传结果，通常以开关量接点输出或串行接口（RS-232）输出的形式存在。

复归控制电路：用于控制故障指示器的状态复归，以准备好下一次故障指示。故障指示器动作后，其状态一般在数小时至十几个小时后自动复归。如果在设定的复归时限前故障得到排除或恢复送电，则故障指示器会提前自动复归。

电源回路：为故障指示器提供电源。常见的供电方式包括电流取电、锂电池供电、锂电池与电流取电相结合以及光伏电池供电。这些方式根据配电线路的情况和故障指示器的功耗特性来选择，以确保故障指示器能够稳定可靠地工作。

（二）故障指示器的故障检测方法

早期的故障指示器采用与过流继电器类似的方法检测短路故障。每只指示器在出厂前设定一个动作值，在运行过程中，当检测到流过指示器的电流超过设定值，并且故障持续时间超过另一预设门槛时，就判断为发生了故障，然后自动给出故障指示。然而，由于定值设定精度较低、无法区分短路电流与冷起动电流等，这种故障指示器容易出现拒动和误动的情况，因此逐步被淘汰。

现代生产的微机故障指示器采用与配电网终端类似的、相对复杂一些的判据来检测短路故障，从而提高了短路故障检测的可靠性。这些微机故障指示器不仅检测电流信号，同时还检测电压信号，并分析故障前后以及断路器动作前后的电流、电压变化情况，以判断是否出现了短路故障。通过这种更综合、更精确的判断方法，微机故障指示器能够更可靠地检测短路故障，并减少拒动和误动的发生。

为避免根据线路额定电流逐一整定故障指示器，一些故障指示器通过检测电流在故障前后的突变量（变化量）ΔI 而不是电流瞬时值来判断故障。为了能够检测小电阻接地配电网的单相短路故障，电流突变量的整定值一般选择为 200 ～ 500A。

引入电流突变量持续时间和失压判据是为了进一步提高故障指示器的动作可靠性。配电变压器的合闸励磁涌流和负荷的冷启动电流可能会引起明显的电流突变，从而导致故障指示器误动。因此，将电流突变量的持续时间作为辅助判据是为了区分真正的短路故障和励磁涌流、负荷冷启动引起的电流扰动。一般来说，电流突变量的持续时间会被设定在 60 毫秒到 3 秒。如果电流突变量的持续时间落在这一时间段，则判定为发生了短路故障，否则认为是由励磁涌流和负荷冷启动引起的电流扰动。

在具备电压检测条件的情况下，可以引入失压判据来进一步提高故障指示器的可靠性。对于短路故障来说，一旦保护动作将故障切除后，线路电压会消失。然而，在出现励磁涌流和冷启动电流时，线路仍会继续带电并维持运行。因此，可以将电流突变量消失时电压是否同时消失作为故障判断条件。失压判据的整定值一般选取额定电压的 30% 左右。通过引入失压判据，可以进一步减少误动的发生，提高故障指示器的动作可靠性。

综上所述，故障指示器的短路故障判据可表示为：

$$\begin{cases} \Delta I > I_{\mathrm{s}} \\ U < U_{\mathrm{s}} \\ T_{1\mathrm{s}} < \Delta t < T_{2\mathrm{s}} \end{cases} \tag{5-2}$$

式中：I_{s} 为电流突变量整定值；U_{s} 为电压消失整定值；$T_{1\mathrm{s}}$ 为电流突变量持续时间下限整定值（大于或等于 60ms）；$T_{2\mathrm{s}}$ 为电流突变量持续时间上限整定值（小于或等于 3s）。

为提高防误动性能，一些故障指示器引入了过电流判据。过电流的整定值一般选择为 1.5 ～ 2 倍的额定电流值。这样做可以有效地区分真正的短路故障和其他电流扰动，提高故障指示器的动作可靠性。

单相电流检测的故障指示器能够检测到小电阻接地配电网的单相接地短路故障。然而，在接地故障的电流较小时，会影响故障指示器的动作可靠性，因为故障信号较弱且受负荷电流的影响。为了提高对小电流接地故障的检测灵敏度，可以采用检测零序电流的接地故障指示器。零序电流检测的整定值一般选择在 20 ～ 50A。为了进一步提高接地故障检测的可靠性，可以引入持续时间判据。

针对电缆线路，可以采用卡在电缆上的零序电流互感器来测量零序电流。对于架空线路，通常使用悬挂式电流探头来测量单相电流，然后通过硬件电路或软件合成的方法来获取零序电流。这样可以保证对小电流接地故障的可靠检测。

第六章　变电站自动化系统

第一节　变电站自动化系统概述

一、变电站自动化研究内容

不同电压等级的变电站自动化系统，侧重研究内容有所区别。

（一）110kV及以上电压等级变电站，以服务于电力系统安全、经济运行为中心

这些研究方向为变电站监视和控制提供了全面的技术支持，促进了电网自动化的进一步发展，提高了变电站的安全、可靠和稳定运行水平，具体如下。

采集高压电气设备监视信息：通过采集断路器、变压器、避雷器等设备的绝缘和状态信息，可以实时监测设备的运行状态，及时发现异常情况，有针对性地进行维护和检修，提高设备的可靠性和安全性。

采集故障记录数据：通过采集继电保护和故障录波器等设备记录的各种故障前后瞬态电气量和状态量数据，可以为电气设备的监视、检修计划的制订以及事故分析提供原始数据，有助于及时排除故障，缩短停电时间，提高电网的可靠性。

全面实现变电站综合自动化：通过取消常规的保护、测量监视、控制屏，全面实现变电站的综合自动化，可以由少人值班逐步过渡到无人值班，提高运维效率和人员安全。

对老变电站进行技术改造：针对老变电站，在控制、测量监视等方面进行技术改造，以达到少人和无人值班的目的，使老变电站也能够适应现代化的运行要求，提高其安全性和可靠性。

这些研究方向的实施，将有助于提高电网运行的智能化水平，减少人为因素带来的风险，提高电网的安全性、可靠性和稳定性。

（二）35kV（60kV）及以下电压等级变电站，以提高供电安全与供电质量、改进和提高用户服务水平为重点

这些研究内容着重于提高35kV（60kV）及以下电压等级的变电站的自动化水平，通过对变电站的二次设备进行全面改造和优化，实现以下目标。

在线监视电网和设备运行状态：变电站自动化系统能够随时在线监视电网的运行参数和变电站设备的运行状态。通过自检和自诊断功能，能够及时发现设备的异常变化或内部异常，并自动报警，进行相应的闭锁操作，以防止事态扩大，提高了设备的可靠性和安全性。

快速响应电网事故：当电网出现事故时，自动化系统能够快速采样、判断、决策，并迅速隔离和消除事故，将故障限制在最小范围内，从而缩短停电时间，提高电网的可靠性和稳定性。

完成运行参数在线计算和远传：自动化系统能够完成变电站运行参数的在线计算、存储、统计、分析等功能，同时具备远传功能，能够实现远程监控和遥控调整，保证电能质量和电网的稳定运行。

通过实现以上功能，35kV（60kV）及以下电压等级的变电站能够实现全面的自动化管理，提高了监视和控制技术水平，改进了管理效率，加强了用户服务，并最终实现了变电站的无人值班，为电网运行提供了更高水平的支持和保障。

二、变电站自动化功能

（一）数据采集功能

变电站的数据采集包括模拟量、开关量等信息量的采集和电能计量。

1. 模拟量的采集

在变电站综合自动化系统中，需要采集的各种参数如下。

母线电压：各段母线的电压数据。

断路器电流：母联和分段断路器的电流数据。

线路和馈线电压、电流：各线路和馈线的电压和电流数据。

有功功率和无功功率：线路、馈线、主变压器等设备的有功功率和无功功率数据。

主变压器电流：主变压器的电流数据。

电容器和并联电抗器电流：电容器和并联电抗器的电流数据。

直流系统电压：直流系统的电压数据。

站用电电压、电流、无功功率：站用电的电压、电流和无功功率数据。

频率、相位、功率因数：系统的频率、相位和功率因数数据。

非电量数据：如变压器温度保护、气体保护等。

在数据采集方面，可以采用交流和直流两种形式。

交流采集：直接接入数据采集单元，适用于一些电压、电流信号的采集。

直流采集：通过变送器将外部信号转换成适合数据采集单元处理的直流电压信号，主要用于采集非电量数据，如变压器温度、气体压力等。

通过采集和监测这些参数，变电站综合自动化系统可以实现对变电站各种设备和系统的全面监视、控制和管理，保障电网的安全、稳定和高效运行。

2. 开关量的采集

断路器、隔离开关和接地开关的状态，有载调压变压器分接头的位置，同期检测状态、继电保护动作信号、运行告警信号等，这些都以开关量的形式，通过光隔离电路输入计算机。

3. 电能计量

电能计量指对电能（包括有功和无功电能）的采集，并能实现分时累加、电能平衡等功能。

数据采集及处理是变电站综合自动化得以执行其他功能的基础。

（二）数据库的建立与维护功能

变电站自动化系统建立实时数据库，存储并不断更新来自输入输出单元及通信接口的全部实时数据；建立历史数据库，存储并定期更新需要保存的历史数据和运行报表数据。

（三）顺序事件记录及事故追忆功能

1. 顺序事件记录

顺序事件记录包括断路器跳合闸记录，保护及自动装置的动作顺序记录，断路器、隔离开关、接地开关、变压器分接头等操作顺序记录，模拟输入信号超出正常范围记录等。

2. 事故追忆

事故追忆范围为事故前 1min 到事故后 2min 的所有相关模拟量值，采样周期与实时系统采样周期一致。

（四）故障记录、录波和测距功能

变电站的故障录波和测距可以采用以下两种主要方法。

1. 微机保护装置兼作故障记录和测距

在这种方法中，微机保护装置不仅完成电网的保护功能，还能够记录故障事件和进行故障距离测量。

微机保护装置记录和测距的结果可以通过串行通信或其他方式送至监控系统进行存储、打印输出或直接发送至调度主站。

这种方法适用于一般的变电站和配电线路，特别是35kV及以下的配电线路，通常不设置专门的故障录波装置，而是依赖微机保护装置来完成记录和测距的功能。

2. 专用的微机故障录波器

这种方法使用专门设计的微机故障录波器，该录波器具有独立的故障记录和测距功能。

微机故障录波器通常具有串行通信功能，可以与监控系统进行通信，将记录的故障数据传输至监控系统。

这种方法通常适用于对故障记录和测距功能有更高要求的变电站，尤其是大型变电站或对故障记录需求较高的特定情况。

对于中、低压变电站以及10kV出线数量较大、故障率较高的情况，设置故障记录功能非常重要。通过记录故障事件的数据，可以正确判断保护的动作情况，分析和处理事故，从而提高电网的可靠性和安全性。

（五）操作控制功能

在无人或少人值班的变电站中，运行人员可以通过阴极射线显像管（CRT显示器）进行以下操作。

断路器、隔离开关和接地开关的分、合操作：可通过CRT显示器对断路器、允许远方电动操作的隔离开关和接地开关进行分、合操作，实现对电气设备的远程控制。

变压器及站用变压器分接头位置的调节控制：可以通过CRT显示器对变压器及站用变压器的分接头位置进行调节控制，以实现电压的调节和控制。

补偿装置的投、切控制：可以控制补偿装置的投入和切除，以调节系统的功率因数和改善电力质量。

接受遥控操作命令，进行远程操作：运行人员可以接受来自调度中心或其他控制中心的遥控操作命令，通过 CRT 显示器进行相应的远程操作。

此外，为了防止计算机系统故障而无法操作被控设备，通常在设计时会保留人工直接跳、合闸方式，以便在需要时进行手动操作。操作控制通常分为手动控制和自动控制两种方式。

手动控制：包括调度通信中心控制、站内主控制室控制和就地控制。具备控制切换功能，可以在调度通信中心、站内主控制室和就地手动之间进行切换。

自动控制：包括顺序控制和调节控制，可根据预设的控制逻辑和参数自动进行操作，实现对电气设备的自动化控制。

三、变电站自动化的必要性

变电站自动化的必要性主要体现在以下几个方面。

提高运行效率和可靠性：自动化系统可以实现对电力设备的远程监控、控制和运行管理，减少人为干预，降低操作错误的可能性，从而提高运行效率和设备的可靠性。

实时监测和故障诊断：自动化系统可以实时监测电力设备的运行状态和电网参数，及时发现异常情况并进行故障诊断，有助于快速定位和解决问题，降低事故损失。

提高电网安全性：自动化系统可以通过自动断开故障区域、隔离故障，保护电网的安全运行。它可以实现快速的故障定位和故障隔离，缩小事故对电网的影响范围。

节约人力资源：自动化系统可以减小对人力资源的依赖，实现远程监控和自动化操作，减少人力成本和降低劳动强度，提高工作效率。

提高电网稳定性和灵活性：自动化系统可以实现对电网的实时监测和调节，优化电网运行，提高电网的稳定性和灵活性，满足不同负荷和运行条件下的需求。

总的来说，变电站自动化可以提高电网的安全性、可靠性和效率，减少人为干预，降低运行成本，是现代电力系统发展的重要趋势之一。

第二节 数字化智能变电站

一、数字化变电站

（一）数字化变电站的含义与特点

数字化变电站利用先进的数字技术和通信技术对传统变电站进行升级改造，实现对电力设备、数据和信息的数字化管理、监控和控制。其特点主要包括以下几个方面。

数字化监控与管理：数字化变电站采用先进的监控系统，能够实时监测电力设备的运行状态、电网参数和环境条件，通过数据采集、处理和分析，提供全面、准确的运行数据和信息，为运维人员科学决策提供支持。

远程控制与操作：数字化变电站通过通信网络实现对设备的远程控制和操作，运维人员可以通过远程终端实现对设备的远程开关操作、参数调整和故障处理，大大提高了运维效率和响应速度。

智能化保护与安全：数字化变电站配备了智能化的保护系统，能够实现对电力设备的智能保护和安全控制，提供更可靠的电力保护，及时检测和处理各类电力故障，确保电网的安全稳定运行。

数据化运行与维护：数字化变电站实现了设备信息的数字化采集、存储和管理，建立了设备档案和运行数据库，为设备的运行和维护提供了数据支持，实现了预防性维护和精细化管理。

智能化优化与调度：数字化变电站利用先进的数据分析和人工智能技术，对电网运行数据进行分析和优化，实现对电力系统的智能化调度和优化配置，提高了电网的运行效率和资源利用率。

网络化通信与互联互通：数字化变电站通过建立网络化通信系统，实现了设备之间、设备与系统之间的互联互通，促进了信息共享和协同工作，提高了整个电力系统的整体运行水平。

综上所述，数字化变电站是基于数字技术的先进电力系统管理理念的体现，其特点包括数字化监控与管理、远程控制与操作、智能化保护与安全、数据化运行与维护、智能化优化与调度、网络化通信与互联互通等，是现代电力系统发展的重要方向之一。

（二）数字化变电站发展趋势

数字化变电站对电力系统的发展产生的革命性影响是显而易见的，以下是数字化变电站带来的几个关键变化和发展趋势。

一次和二次设备的融合与智能化：传统上，一次设备如变压器、断路器等主要负责电能的转换和分配，而二次设备如保护继电器和控制系统则负责监控和保护一次设备的正常运行。通过使用 IEC 61850 标准，这两类设备能更好地集成，实现数据和控制信息的无缝传递。这不仅提高了系统的可靠性和效率，而且减少了设备间的接口问题，降低了系统复杂性和成本。

信息化与自动化：数字化变电站通过全面采用 IEC 61850 通信协议，使从站控层到间隔层再到过程层的各个部分都能实现高度自动化和信息化。这样的结构不仅优化了电力系统的操作，还提高了故障检测和响应的速度，极大地提升了运维效率。

市场洗牌与新的合作机会：随着新技术的推广和应用，传统的电气设备制造商需要调整产品线和业务策略以适应新的市场需求。这可能导致市场上的一些企业退出或转型，同时也为愿意创新的企业带来新的合作机会和市场空间。

国家政策的支持：随着国家电网有限公司以及其他相关部门推动智能电网和数字化变电站的建设，政策和资金的支持将加速这一转型。国家级的推动意味着未来几年内，相关技术和产品的市场需求将持续增长。

增加的投资与成本效益分析：虽然初期投资可能较高，但数字化变电站的长远利益在于运维成本的显著降低、系统效率的提升以及提供更好的服务质量。随着技术的成熟和规模化应用，其成本效益将更加明显。

总体来看，数字化变电站是电力系统现代化的关键组成部分，不仅改变了电力设备的生产和运营模式，也为整个行业带来了新的发展机遇。

（三）数字化变电站安全对策

1. 变电站的可靠性及提高方法

随着电网技术的发展和用户对电力供应安全性与质量的要求提升，变电站作为电网的关键组成部分承担着保障稳定供电的重要任务。变电站中有着大量的电力设备及保护和控制装置，分布在不同的地理和环境条件下，任何故障或事故都可能影响电网的稳定运行和可靠供电。以下是提升数字化变电站可靠性的几种方法。

替换传统连接材料：采用光缆代替传统的铜缆连接，利用以太网技术替换二次连接的导线。这种替换可以显著减少系统中的元件数量，降低因元件故障引发的停电风险。

增强网络冗余：通过实施网络冗余设计，即使主网络发生故障，系统也能通过备用网络继续运行，从而提升系统的容错能力和提高供电可靠性。

利用自检和监控功能：增强系统和设备的自检及监控功能，实时监控设备运行状态，及时发现并处理潜在的故障和异常，确保系统稳定运行。

这些措施不仅增强了变电站的运行可靠性，也提升了整个电网的供电稳定性和服务质量，更好地满足了用户对电力供应的高标准要求。

2. 数字化变电站安全性

数字化变电站作为电力系统的重要组成部分，其安全性直接关系到整个电网的稳定运行和电力供应的可靠性。随着技术的发展，数字化变电站不仅承担着传统变电功能，还集成了高度的信息化和智能化技术，使得其安全性问题变得更加复杂和多维。以下是几个关键方面，阐述了如何提升数字化变电站的安全性。

（1）物理安全提升

防入侵措施：加强变电站围栏和入口的安全管理，安装监控摄像头和安全报警系统，确保无授权人员无法进入关键设施区域。

环境安全：针对变电站内部设备的环境要求，如温度、湿度和灰尘等级，实施严格的环境控制措施，确保设备在最佳环境条件下运行。

（2）网络安全加固

防火墙和入侵检测系统：在变电站的网络入口处部署防火墙和入侵检测系统，防止未授权的访问和监测潜在的恶意活动。

数据加密：对传输和存储的数据进行加密处理，保证数据在传输过程中的安全性和数据在存储时的保密性。

多层防护：实现网络的分层管理，各层之间严格控制访问权限，只允许必要的通信和数据流动，从而减小潜在的攻击面。

（3）系统与设备的冗余设计

双电源系统：为关键设备配备双电源，确保主电源失效时备用电源能立即接管，保障关键操作不受影响。

备份和容错机制：建立设备和系统的备份机制，如自动切换的冗余系统，以及故障时的快速恢复策略，增强系统的整体韧性。

（4）智能监测与预警系统

实时监控系统：利用先进的传感器和监控技术，以对变电站内部的电气设备进行实时监控，以及时发现异常状况，预防故障发生。

预测性维护：通过收集设备运行数据，使用大数据和机器学习算法对设备可能出现的故障进行预测，实施预防性维护措施，减少突发停电事件的发生。

（5）应急响应与恢复计划

应急预案：制订详细的应急响应预案，包括灾难恢复计划和业务连续性计划，确保在发生重大故障或灾害时能快速响应并最小化损失。

定期演练：定期进行安全演练，包括物理安全、网络攻击和环境灾害等情况，以检验和提升应急预案的有效性和响应团队的操作熟练度。

通过上述措施，数字化变电站能够在提高效率和功能的同时，保障自身安全性，从而支撑起现代社会对电力系统的高度依赖。

二、智能变电站

（一）智能变电站前景

智能电网的建设是根据我国能源的地理分布和负荷消费的区域特点设计的，旨在适应当前及未来的社会发展需求。智能电网特别强调在大规模风电和太阳能发电方面的接入和输送能力，以及实现能源资源在更大范围内的高效配置。作为国家战略的一部分，我国的智能电网建设具有重要意义。在这一框架中，智能变电站扮演着转换和控制能源的核心角色，展现出广阔的发展前景。

智能变电站是从数字化变电站发展而来的高级形态，主要由设备层和系统层组成。与传统变电站相比，智能变电站在以下三个主要方面有显著的区别和优势。

一次设备智能化：智能变电站中的一次设备，如变压器和断路器，配备了智能传感器和控制技术，使得这些设备能够实时监测自身状态，自动调整操作以适应电网条件变化，从而提高运行效率和可靠性。

设备检修状态化：通过高级的监测和诊断技术，智能变电站可以实时监控设备的健康状况，预测维修需求，并进行状态化管理。这种管理模式不仅缩短了设备故障导致的停电时间，还提高了维护效率和设备的使用寿命。

二次设备网络化：在智能变电站中，二次设备如保护继电器和控制单元通过网络连接，实现了信息的实时共享和处理。这种网络化不仅提升了响应速度和操作灵活性，还加强了电网的整体安全性和稳定性。

智能变电站的这些特点使其成为支撑现代电网需求的关键设施，其不仅能够有效地支持可再生能源的广泛接入，还能提高电网的整体操作效率和可靠性。随着技术的进步和应用的深入，智能变电站将继续在智能电网建设中发挥其核心作用。

（二）智能变电站的优点

智能变电站作为电力系统现代化的一个重要标志，具有许多显著优势，使其在智能电网建设中发挥着关键作用。以下是智能变电站的几个主要优点。

提高供电可靠性和稳定性：智能变电站通过先进的监控系统和自动化设备，实时监测电网状态和设备性能，能够快速响应电网异常，自动调节和修正问题，从而显著提高电力供应的可靠性和稳定性。例如，通过实时数据分析，智能变电站可以预测并预防潜在的设备故障，避免大规模停电。

优化设备管理和维护：智能变电站采用状态监测和诊断技术，不仅可以实时掌握设备的运行状态，还可以基于数据分析进行预测性维护。这种方式使得维护工作更加高效，可以在问题发生之前进行干预，降低了维护成本并延长了设备的使用寿命。

增强能源管理效率：通过集成先进的能源管理系统，智能变电站能够优化能源的配置和使用，特别是在接入可再生能源方面显示出极大的灵活性和高效性。智能变电站可以根据电网负荷和能源供应情况动态调整能源输出，确保电能供应与需求之间的匹配最优。

支持可再生能源的广泛接入：智能变电站设计有能力处理来自不同能源的高度可变和间歇性电力，如风能和太阳能。智能变电站能够有效管理这些能源的波动，保证电网的稳定运行，促进了可再生能源在电网中的大规模利用。

提升环境保护和节能减排：智能变电站通过提高操作效率和优化能源利用，有助于降低能源消耗和减少排放。此外，智能变电站的高效管理和运营也减少了对环境的负面影响，符合可持续发展的目标。

加强电网安全性：智能变电站具备高级的安全防护措施，如入侵检测、网络隔离和数据加密，有效防止了外部攻击和内部安全威胁，确保了电网数据和操作的安全性。

灵活的远程控制和操作：智能变电站可以实现高度自动化运营，包括远程监控和控制功能。这使得运营人员可以在远程中心有效地管理多个变电站，提高了运维效率，同时降低了人力成本。

智能变电站的这些优点不仅提升了电网的整体性能和效率，也为实现更绿色、更智能的电力系统奠定了坚实的基础，有助于应对日益增长的能源需求和未来电力市场的挑战。随着技术的进一步发展，智能变电站的功能和效率还将继续提升，其在全球能源转型中的作用将越来越重要。

（三）智能变电站技术特点

智能变电站作为现代电力系统的核心组成部分，整合了多种高级技术特点，这些技术使得智能变电站在效率、可靠性和智能化方面远超传统变电站。以下是智能变电站的一些关键技术特点。

数字化和网络化：智能变电站广泛应用数字化技术，通过网络连接各类智能设备和系统，包括传感器、控制系统、保护装置等，所有这些都通过高速通信网络相连，实现了数据的即时交换和处理。网络化使得变电站的操作和监控可以远程进行，大大提高了管理的灵活性和效率。

高级监控和控制系统：利用先进的数据采集与监控系统（SCADA）系统，智能变电站能够实时监控电气参数和设备状态，及时调整控制策略以适应电网需求和条件变化。这种系统支持高度自动化的操作，可减少人为错误和操作成本。

集成保护系统：智能变电站采用综合保护和自动化系统，如智能继电器和自动断路器，这些系统能够快速识别和隔离故障，防止故障扩散，提高了电网的可靠性和安全性。

IEC 61850 标准：智能变电站广泛采用 IEC 61850 标准，这是一项由国际电工委员会制定的通信协议，专为电力系统自动化设备设计。它支持设备间的互操作性和信息共享，简化了系统架构，减少了布线和维护成本。

状态监测和预测性维护：通过安装各种智能传感器，智能变电站能够对关键设备如变压器和断路器进行实时状态监测。数据分析和机器学习技术帮助预测设备故障和性能退化，从而优化维修计划，实施预测性维护，延长设备寿命。

能源管理与优化：智能变电站通过高级的能源管理系统（EMS）优化能源流和消耗。该系统能够分析电网负荷和能源供应，自动调整变电站操作以最大化效率和经济性，同时支持可再生能源的有效接入和利用。

安全和防护措施：随着网络化程度的提高，智能变电站也加强了对网络安全的重视，采用了多层次的安全措施，包括防火墙、入侵检测系统和数据加密，确保系统的数据安全和操作安全。

这些技术特点使得智能变电站不仅能够高效地管理电力流和提供稳定的电力供应，还能响应快速变化的市场需求和环境条件，是电力系统现代化和智能化的关键环节。

（四）智能变电站建设

1. 建设原则

智能变电站融合了先进的数字化设计理念和技术，提供了一系列创新解决方案以优化其设计、建设和运营成本。这些解决方案主要体现在以下几个方面。

（1）数字化设计理念

通过一次设备的智能化和二次设备的网络化，智能变电站实现了整体设计的优化。这种设计不仅减少了建设和运维成本，还提高了运行效率和可靠性。

（2）一次设备智能化

电子式互感器和智能断路器的应用显著减小了变电站的占地面积，同时解决了传统电磁式电流互感器（CT）饱和的问题。合并器的使用减少了数据采集设备的重复投资。

网络化取代了传统的二次电缆，有效地解决了二次电缆交直流串扰问题，并简化了施工过程。

敞开式断路器集成了灭弧能量 I2t 监测、隔离刀闸测温以及在线五防联锁系统，增强了安全性和可靠性。

主变压器状态监测确保设备运行处于最佳状态，减少意外停机的发生。

（3）二次设备网络化

智能变电站的系统结构设计为三层两网，包括站控层、间隔层和过程层。站控层和间隔层依托 IEC 61850 标准实现互联互作，保障了数据共享和系统一致性。过程层则重点关注可靠性和稳定性，确保电力系统供电的连续性和安全性。

（4）高级应用功能

自动化功能的集约化、网络化和智能化，如保护测控集成优化、在线式一体化五防系统，提高了操作的安全性和便捷性。

程序化控制与系统联锁、设备状态监测及检修系统，提升了设备管理的效率和准确性。

事故异常专家分析系统，能够快速诊断并解决电网故障。

物联网技术的引入在智能监测和控制方面开辟了新的可能性，增强了变电站的自主运行能力。

无人巡视支撑平台的使用，减少了人力需求，提高了运维的效率和安全性。

这些技术特点使智能变电站不仅能够高效地管理和控制电力系统的操作，还能够应对未来电力市场和技术发展的挑战，确保电网的稳定与可靠运行。

2. 重点技术

（1）智能变电站中分布式电源的引用

智能变电站引入分布式电源后，显著增强了整个智能电网的安全性和灵活性，同时在运行效率方面也实现了改进。这种技术变革在配电系统中引起了根本性的变化，将传统的单向潮流网络转变为多源型网络。这一转变意味着电力可以从多个来源被输入网络中，从而提高了电网的冗余性和韧性。

在传统的单向潮流网络中，电力流动是单向的，从发电站通过变电站输送到消费者。然而，随着智能变电站集成分布式电源，如太阳能和风能等可再生能源，电网的电力流向变得更加复杂和动态，实现了双向流动。这种多向流动的网络架构不仅使电网更加灵活，还提高了对局部故障或需求波动的适应能力。

然而，这种网络的多元化也给智能变电站的继电保护系统带来了新的挑战。原有的保护系统和措施是基于单向流动设计的，它们可能无法有效识别和响应由多个电源点引起的复杂故障模式。因此，需要对保护系统进行相应的改进和升级，以确保在新的多源型网络环境下维持其安全性和可靠性。

保护系统的重新设计：必须对现有的保护策略进行重新设计和优化，以确保它们能够处理多个电源输入的复杂情况。这包括提高保护设备的灵敏度和选择性，确保在任何来源发生故障时都能迅速定位并进行隔离。

增强通信和数据分析能力：利用高级通信技术和大数据分析，智能变电站的保护系统可以更准确地预测和响应网络中的变化。通过实时数据交换和分析，保护系统可以更有效地管理来自不同电源的电力流动。

采用自适应保护技术：随着网络条件的变化，自适应保护技术能够动态调整保护设置。这种技术的应用有助于保护系统在多源电力供应环境中保持有效性和灵敏性。

提高故障检测和隔离速度：为了减少故障对电网的影响，保护系统需要快速识别故障并实施隔离措施。这要求保护设备具有更高的处理速度和更短的响应时间。

通过这些策略的实施，智能变电站能够在引入分布式电源后维持高水平的保护性能，确保电网的安全和稳定运行。这些改进不仅提升了智能变电站的技术能力，还提高了整个电力系统的效率和可靠性。

（2）智能变电站中硬件的集成技术

随着智能电网技术的不断进步，特别是描述语言硬件在电网硬件系统中的引入，智能变电站的设计和应用领域经历了革命性的变化。描述语言硬件的引入，不仅仅是硬件的一个简单升级，还给智能变电站的设计、集成和运行管理中带来了深远的影响。

（3）智能变电站中软件的构建技术

在智能变电站的构建与运行中，软件技术和硬件技术的融合是提升效率和功能性的关键。这两者相辅相成，共同构成了智能变电站高度自动化和智能化的核心。

3. 发展优势

智能变电站作为智能电网建设的关键环节，不仅标志着变电领域技术的进步，也预示着整个电力系统向更高级别的自动化、信息化和智能化迈进。智能变电站的核心优势不仅在于其技术的创新，还在于这些技术如何实际地改善电网的运行效率和可靠性。以下是智能变电站的几个具体优势。

过程设备数字化：电子式互感器和合并单元：这些设备能够精确测量电流和电压，将模拟信号转换为数字信号，通过网络进行传输。这样的数字化不仅提高了数据的准确性，还可减少传统传感器在信号传输过程中可能出现的损失和干扰。

智能终端：智能终端如智能断路器和继电保护设备，可进行复杂的数据处理和决策，提高了响应速度和操作的精准度。

信息传输的网络化：IEC 61850 标准：这一国际标准定义了变电站设备间通信的框架和协议，支持不同设备和系统之间的互操作性，使得设备能够更容易集成，维护和升级也更为方便。

网络通信技术：通过使用光纤网络，智能变电站中的信息传输更快、更安全。光纤通信相比传统电缆具有更高的带宽和抗干扰能力，适合传输大量数据。

设计与安装的简化：光纤代替电缆：使用光纤代替传统电缆，简化了布线需求，降低了成本和安装复杂性，同时提高了信号的传输效率和可靠性。

系统硬件简化：通信网络取代传统回路：以高效的通信网络取代模拟量输入和开关量输入输出回路，使二次设备的硬件系统大幅简化，减少了设备依赖和潜在的故障点。

信息共享与管理：统一的信息模型：智能变电站采用统一的信息模型，消除了不同设备和系统之间的信息壁垒，实现了数据的无缝共享和应用。

增强可观测性和可控性：新型应用：状态监测和站域保护控制等新型应用的实现，提升了智能变电站的操作灵活性和预防性维护能力，使得电网运行更加稳定可靠。

通过这些技术优势，智能变电站不仅提升了电力系统的效率和安全性，还为电网的未来发展奠定了坚实的基础，引领了电网智能化的潮流。

第三节　常规变电站数字化改造

一、改造目标及内容

对传统变电站进行数字化改造，关键步骤包括：替换现有的电磁式互感器为电子式互感器，并在断路器、隔离开关、变压器等一次设备中增加智能单元，从而构建出智能化的一次设备。此外，对整个变电站的自动化系统根据 IEC 61850 标准重新设计，采用三层设备和两级网络结构实现变电站的信息化、自动化及互动化。

这种数字化改造基于分层分布式的架构，以增强智能电气设备间的信息共享和互操作性。整个系统结构可分为以下三个主要层级。

站控层：站控层主要负责整个变电站的监测和控制。它连接上级电网管理系统，实现数据汇总和远程控制指令的下发，是智能变电站与电网其他部分交互的关键节点。

间隔层：间隔层作为连接站控层和过程层的中间层，负责处理站控层和过程层之间的信息传递。这一层中的设备如保护继电器和智能开关控制器，都是基于 IEC 61850 标准，保证了高度的数据一致性和时效性。

过程层：过程层直接与一次智能设备相连，负责收集实时数据如电流、电压等，并对这些数据进行初步处理，然后传送到间隔层。这一层的自动化程度很高，设备操作依赖于来自上层的控制指令和本地处理的数据。

通过这种层次化和网络化的设计，不仅提高了变电站的运行效率和可靠性，还增强了设备间的互联互通，为进一步的智能化和未来的技术升级打下了坚实的基础。

二、过程层设备改造

在智能变电站中，过程层的设备改造是实现高度自动化和智能化的关键一步。过程层位于系统的底层，直接与一次设备如变压器、断路器和互感器等接触，负责收集这些设备的实时操作数据和状态信息。以下是进行过程层设备改造的几个主要步骤和考虑因素。

电子式互感器的安装：替换传统的电磁式互感器（CTs/VTs）为电子式互感器（ECTs/EVTs）。电子式互感器提供更高精度的测量，输出数字信号，可减少信号转换过程中的损失和干扰，适应数字化系统的需求。

智能传感器与监测设备的集成：在过程层安装智能传感器和状态监测设备，可以实时监测一次设备的温度、压力、振动等关键参数。通过这些数据，智能变电站可以进行实时健康评估和预测性维护，极大提高了设备的可靠性，延长了寿命。

合并单元的部署：合并单元（merging units，MUs）是过程层的核心设备，负责收集来自电子式互感器的数字信号，然后按照 IEC 61850-9-2 标准进行封装和转发。这确保了数据的一致性和可靠传输。

通信网络的升级：为了支持高速、实时的数据传输，过程层的通信网络需要升级至高带宽、低延迟的网络技术，如光纤以太网。这样可以确保从过程层到间隔层和站控层的数据传输是快速和可靠的。

安全措施的强化：随着过程层设备的数字化和网络化，需要增强对这些设备的网络安全保护，避免潜在的网络攻击和数据泄露，包括部署防火墙、入侵检测系统等安全设备和软件。

培训与操作更新：设备改造后，需要对操作人员进行新系统培训，了解新技术的操作规范和维护要求。同时，更新操作和维护手册，确保所有人员都能正确地使用和维护新系统。

通过上述改造，过程层的设备能够为智能变电站提供高质量的实时数据，为上层的自动化控制和决策支持提供坚实的基础，进一步推动智能变电站的整体性能和效率提升。

三、间隔层设备改造

间隔层设备改造在智能变电站中同样至关重要，因为间隔层扮演着桥梁的角色，连接着站控层和过程层。间隔层主要涉及设备和系统的保护、控制与监测功能，包括保护继电器、智能控制单元和网关设备等。这一层的改造关键在于确保设备可以处理来自过程层的大量实时数据，并能够向站控层提供必要的信息和控制命令。以下是进行间隔层设备改造的一些主要步骤和考虑因素。

保护继电器的升级：替换传统的保护继电器为智能保护继电器，这些设备能够处理复杂的算法和更快地响应系统变化。智能保护继电器可以直接通信并协调其他设备的动作，提高了故障检测和隔离的速度与准确性。

智能控制单元的集成：集成高性能的智能控制单元（ICUs）以增强控制策略的执行能力。这些控制单元可以进行更复杂的数据处理和决策，支持更广泛的自动化功能，如自动切换和负荷管理。

通信能力的强化：升级间隔层的通信设备，确保其能够处理来自过程层的大量数据流。采用基于 IEC 61850 标准的以太网技术，实现更高的数据传输速率和更低的延迟，确保数据传输的稳定性和可靠性。

网关设备的部署：部署网关设备来管理不同通信协议之间的转换，确保间隔层与站控层之间以及与过程层之间通信的顺畅。这一点对于确保系统整体的互操作性至关重要。

安全和冗余设计：在间隔层实施高级的安全措施，如数据加密和访问控制，保护系统免受内部和外部的威胁。同时，设计系统的冗余性，如备用通信路径和设备，以确保关键控制功能在单点故障时能继续运行。

系统测试与验证：应对改造后的设备和系统进行全面的测试和验证，确保所有组件都能在实际操作中正确无误地执行预定任务。这包括模拟故障和异常条件下的反应，以评估系统的整体响应能力和稳健性。

操作人员培训：确保操作人员接受适当的培训，熟悉新系统的操作和维护。这不仅包括技术操作，也包括对新系统安全性和效率性能的理解。

通过这些改造，间隔层的设备能够更有效地协调站控层和过程层之间的动作，提高变电站的自动化水平，增强系统的可靠性和安全性。这些升级有助于实现更高效的电网管理和优化电能分配。

第七章　其他配电网自动化技术及应用

第一节　馈线自动化

一、智能配电网的自愈与馈线自动化

（一）自愈的概念

自愈功能作为智能配电网的关键特性，扮演着电网免疫系统的角色，标志着电力系统防护策略从传统的故障后反应模式飞跃至主动预防断电的新纪元。该理念起源于1999年，由美国电科院携手美国能源部在复杂互动系统联合研究计划中首次提出。此后，无论是美国电科院推动的智能电网研究，还是美国能源实验室的现代电网项目，都将自愈能力视为确保供电质量的核心技术支柱，并成为全球智能电网研发的焦点议题。

全球频发的大范围停电事故，其原因交织着级联效应、人为失误及自然灾害等因素，促使社会各界愈加重视电网的韧性与自我修复能力。中国民众亦对电网寄予厚望，期望电网能具备强大的自愈特性，有效提升其应对突发事件的能力，即在遭遇问题时能够自行诊断并迅速恢复，确保供电服务的连续性或最大限度地减轻对用户的干扰。

具体而言，配电网自愈机制意味着电网借助高精度监控技术和自动化控制系统，在极小或无须人工介入的状态下，持续进行自我监测与评估，以及时识别风险、迅速定位故障、采取预控措施以消除隐患。一旦故障确实发生，系统能够立即行动，隔离故障区域，同时或迅速恢复非故障区域的供电，这一过程如同生物体的免疫反应，使电网能有效对抗内部与外部威胁，确保其运行的稳定性和供电质量的高水平。

（二）自愈控制

自愈控制构成了实现电网自愈能力的实践路径，侧重于采用面向过程的前瞻性控制策略，注重操作的灵活性与环境适应性，并强化整体与局部控制间的

协同。在配电网领域，自愈控制的核心目标在于确保供电服务的连续性，依据不同运行情境，配电网可被划分为五大状态：紧急、恢复、异常、警戒及安全，针对这五类状态，配电网自愈控制涵盖了四大基础控制策略。

预警控制：当系统进入警戒状态，此阶段的控制致力于通过检查维护二次系统、调整无功补偿装置、线路切换等措施预先排除潜在风险，引导系统回归安全运行状态。

修正控制：面对异常状态，控制策略聚焦于纠正设备异常行为、缓解过载与电压异常、预防电压不稳定情况，旨在将系统恢复至警戒或安全状态。

恢复控制：在恢复状态下，重点在于规划最适宜的供电路径，快速恢复用户供电，促进孤岛区域与主网并联，推动系统向异常、警戒乃至安全状态过渡。

应急控制：于紧急状态之下，采取必要且果断的行动如故障切除、发电机解列、负荷削减、主动系统分离等，以维系系统基本稳定与供电连续性，逐步向更佳状态演变。

从持续供电的角度审视，自愈控制的成效可归纳为预防故障、故障无损供电、故障部分损失供电，以及最严重的电网失效情况。配电网自愈控制的根本追求在于故障的首要预防，次之为故障发生后的无间断供电保障。以最小化负荷损失作为控制的基本要求，电网瘫痪则标志着自愈控制机制未达到预期效果，需进一步优化与强化。

（三）实现自愈的条件和关键技术

实现配电网自愈能力，涉及多维度的提升与优化，具体关键要素可概述如下。

高端智能化装备：确保一次设备高度可靠、低维护，二次设备具备卓越的环境适应性和精确度，即使在复杂环境下也能准确执行保护与控制任务。

灵活稳健的网络架构：构建具备多路径供电动态调整能力的配电网架，依托分段与联络开关合理布局，特别是通过双／多电源设计强化供电连续性，提升系统韧性。

高速通信基础设施：搭建高效、兼容、交互流畅的通信网，确保主站与现场设备间信息实时流通，为快速决策与控制奠定基础。

尖端控制与决策算法：集成先进的故障检测与诊断逻辑，加速故障识别与排除流程，确保控制指令的即时准确下达。

自动化实时数据分析平台：拥有强大数据整合与分析能力的软件系统，支持深度学习与决策辅助，提升运维的智能化水平。

当前，围绕自愈技术的核心研究方向主要包括但不限于如下几方面。

精准故障定位技术：提升故障检测的精度与速度。

智能开关与控制器开发：增强设备自主决策与执行能力。

电网健康状态实时监测：动态评估系统运行状况，预测潜在风险。

智能配变终端创新：提升终端的智能水平与响应速度。

广域监测与控制技术：扩大监控覆盖范围，提升远程操控效能。

网络自适应重构策略：优化网络资源分配，快速恢复供电。

配电网仿真技术：通过模拟优化自愈策略与流程。

分布式电源集成与需求侧管理：有效整合分布式能源，平衡供需，提高自愈灵活性。

（四）馈线自动化的功能与类型

馈线自动化（feeder automation，FA）构成了配电自动化体系的中枢部分，是推动智能配电网实现自愈能力的关键技术支持平台，对于整个配电系统的自动化进程至关重要。全球范围内，不论是国内还是国际项目，配电自动化的实践往往始于馈线自动化的部署，其核心关注点在于优化中低压配电网的馈电线路运行。

馈线自动化技术对于增强智能配电网的可靠性起着决定性作用。一个高效、经济且稳定的配电网运营体系，其基础在于配电网络结构的合理设计及高可靠性、灵活性、经济性的维持，这些特性与配电系统的自动化水平直接关联。通过部署馈线自动化，当馈线遭遇运行故障时，能够自动化执行故障的精确定位、快速隔离以及非故障区域的供电恢复程序，从而显著提升供电服务的稳定性。

馈线自动化的核心功能囊括如下几方面。

数据采集与监控：全面覆盖主线及分支线路的电气参数（如电流、电压、有功功率、无功功率和电能量），实时展示配电网络的操作状态，包括10kV等级变电站出线断路器、线路分段与联络开关的状态监控，支持远程控制操作，以及提供故障报告、越限告警管理、事件序列记录、扰动记录、报表生成功能，同时配备必要的计算工具和图形编辑能力。

故障处理：自动记录并显示故障事件，迅速定位故障区间，执行隔离操作，并自动恢复未受影响区域的供电，这一过程同样适用于小电流接地故障场景，是保障供电可靠性和电能质量的最关键功能。

无功补偿与电压调节：实现对线路上无功补偿电容器组的智能调度，以维持电压稳定。

综上所述，故障快速响应与处理机制构成了馈线自动化技术的核心价值所在，对推动电力系统向更高层次的智能化与可靠性转型具有不可替代的作用。

就地控制与远方控制确实是馈线自动化技术中两种基本的实现类型，它们各有特点和适用场景。

1. 就地控制

就地控制（local control/on-site control）模式不依赖于配电主站的直接指令，而是通过安装在馈线上的智能设备（如重合器和分段器）的本地逻辑来实现故障处理。这些设备通过内置的传感和控制逻辑，能够感知局部电网状况，执行故障隔离和恢复供电操作，具体细分如下。

电流型方案：利用重合器检测线路电流异常，配合过流脉冲计数型分段器和熔断器，当检测到超过设定阈值的电流（表明可能有短路或过载情况），即启动保护机制，隔离故障区域，并尝试重合以恢复非故障区域的供电。

电压型方案：依赖于电压变化进行控制决策。重合器与时间—电压型分段器协作，监测馈线电压水平。当发生故障导致电压下降或消失时，系统会根据预设的电压条件来隔离故障段，待电压恢复正常后再尝试合闸，恢复供电。

2. 远方控制

远方控制（remote control/centralized control）模式下，馈线自动化依赖于通信网络，利用馈线终端单元（FTU）、通信信道、传感器等组件与配电管理系统（DMS）或主站进行交互。故障信息通过FTU采集并发送至主站，主站根据接收到的数据分析故障位置，随后发出指令遥控开关设备执行故障隔离和恢复供电操作。这种模式的优点在于可以实现更精细的管理和控制，适应复杂的电网结构，但依赖于稳定的通信基础设施。

两种方式各有优势：就地控制响应速度快，不依赖外部通信，适合通信条件较差的区域；远方控制则提供了更全面的监控和管理能力，适用于通信条件较好的城市配电网。实际应用中，往往会根据电网的具体需求和环境条件选择最适合的馈线自动化实现方式，或者结合两种方式的优势形成混合型的自动化解决方案。

二、基于FTU的馈线自动化

（一）基于FTU的馈线自动化系统构成

基于重合器的就地控制馈线自动化系统，尽管实现了初步的自动化功能，但其局限性不容忽视，包括响应故障慢、影响范围较广、功能单一以及缺乏对线路持续监测和最优恢复策略的支持。这类系统依赖重合器和断路器在检测到故障电流或失压时动作，导致处理时间延长，并且仅在故障发生时介入，无法实现实时负荷监控或采取最高效的复电路径。

相比之下，基于FTU的馈线自动化代表了技术发展的新趋势，显著增强了配电网络的智能化和自动化水平。该系统通过集成先进的监控设备FTU、构建稳健的通信网络，并与配电网控制中心的SCADA系统紧密结合，辅以高级分析软件，形成了一个高度集成的解决方案。FTU不仅能够实时收集并传输柱上开关的详细运行参数，如负荷状况、电压水平、功率流动及开关状态等，还能接收控制中心的指令，远程执行开关操作以优化电网配置。

在实际运行中，基于FTU的系统在故障出现的瞬间能迅速捕获关键数据，如最大故障电流、故障前后的电流和功率变化等，并立即将这些信息传达给控制中心。控制中心的计算机系统随即对这些数据进行快速分析，精确定位故障区域，并计算出恢复供电的最佳途径。借助远程控制功能，系统能立即执行指令，隔离故障区域，同时确保非故障区域能够尽快恢复供电，整个过程高效且精确，大大提高了供电的可靠性和服务质量。这一模式体现了智能电网在提高自愈能力和运营效率方面的显著进步。

（二）基于FTU的馈线自动化系统的功能

基于FTU的馈线自动化系统，作为智能配电网的核心技术之一，极大地提升了配电网的运行效率、可靠性和管理水平。其功能的扩展与深化体现在多个维度，以下是该系统的几大关键功能及其优势的详细阐述。

1. 实时监控与数据采集

FTU系统能够实时监控配电网中的各项关键指标，包括但不限于电流、电压、功率因数、有功/无功功率以及开关设备的状态。通过安装在各个关键节点的FTU，系统能够连续不断地收集数据，为电网的运行状态提供详尽、准确的信息支持。这些数据不仅有助于日常的运营管理，更为故障分析、预防控制以及系统优化奠定了坚实的基础。

2. 故障快速定位与隔离

一旦电网中发生故障，FTU能够迅速响应，通过捕捉故障发生时的电流突变、电压骤降等信号，结合先进的算法分析，快速准确地定位故障点。随后，系统自动指令相关开关设备动作，隔离故障区域，防止故障扩散，有效控制影响范围，从而缩短停电时间和缩小范围，提高供电可靠性。

3. 智能恢复供电

在隔离故障的同时，基于FTU的馈线自动化系统还能够自动评估电网的剩余承载能力，选择最优的供电路径，通过遥控操作，快速恢复非故障区域的供电。这一过程高度自动化，减少了人工干预的需要，加快了恢复供电的速度，同时也优化了资源分配，确保了供电质量。

4. 负荷管理与优化

FTU系统还具备负荷监测与管理功能，通过对各区域负荷的实时监控，可以动态调整供电策略，平衡电网负荷，避免过载现象，优化电能质量。特别是在分布式能源接入越来越多的今天，FTU系统能有效整合分布式电源，合理调配发电与负荷，提高能源利用率。

5. 预防性维护与资产管理

通过长期收集和分析设备运行数据，FTU系统能够识别设备性能的衰退趋势，预测潜在故障，实现预防性维护，减少突发故障的发生，延长设备使用寿命。同时，系统还能提供资产健康管理，帮助电网运营商优化维护计划，降低维护成本。

6. 远程控制与通信

集成的通信模块使得FTU能够与控制中心实现远程通信，不仅传递实时数据，还能接收并执行控制指令。这一功能为调度员提供了远程操控电网的能力，使得电网操作更加灵活高效，特别是在紧急情况下，能够迅速做出响应。

7. 安全与保护

FTU系统设计中融入了多重安全保护机制，以确保在任何操作过程中电网和设备的安全。例如，通过加密通信、权限管理等措施防止非法访问，以及设置保护逻辑防止误操作导致的电网不稳定。

总之，基于FTU的馈线自动化系统通过高度集成的监控、控制、分析与管理功能，为智能配电网的高效、安全、可靠运行提供了强有力的技术支撑，是实现电网智能化升级和未来能源互联网愿景的关键技术之一。

第二节 远方抄表与电能计费系统

一、抄表计费方式

抄表计费方式通常涵盖五种不同的技术途径，每种都有其特定的应用场景和优势。

传统人工抄表：这是最基本的抄表方式，抄表员亲自前往每个用户地点，直接查看电表读数并手动记录，之后根据读数计算电费。

便携式设备抄表：通过使用手持式电子设备，如专用抄表器，抄表员可以在电表旁通过无线通信（如红外、无线电或超声波）快速读取数据，可减少错误并提高效率。这些设备特别适用于难以直接触及电表的场合。

移动车辆自动抄表：利用装有特殊接收装置的车辆，结合远程通信技术（如900MHz 无线电），可在不直接到达电表位置的情况下，在一定范围内自动收集电表数据，适合大规模区域的快速抄表。

预付费电表系统：通过集成 IC 卡或磁卡的预付费电表，用户先购买电量并充值到电表中，电表根据已购电量自动控制供电，电量用尽即自动断电，实现了电费的预先支付和自我管理。

远程抄表技术：借助于多种通信媒介（如电力线载波、电话线、无线网络、有线电视网络、光纤或局域网连接），电表数据能够自动传输到数据中心，无须人员到场，即可实现高效、连续的远程数据采集和管理，极大提升了抄表的自动化水平和数据处理的及时性。

二、预付费电能计费方式

预付费电能计费机制的核心在于其特有的预付费电能表，也被称作先购电后用电电能表。这类电表集成了电能计量和数据处理两大功能模块，运作机制要求用户在实际消耗电能之前先行支付电费。其起源可追溯至“二战”时期的欧洲，战争导致该地区电力基础设施遭受重创，重建过程中，面对大量人口流动和居民不稳定的居住状态，传统电费回收变得极为困难。为应对这一挑战，预付费电表应运而生，成功破解了流动人口电费收取的难题，保障了电力公司的财务健康。

同时，在中国，电费回收难也是一个长期存在的挑战，部分用户法制观念薄弱，经常性的欠费行为严重影响了电力行业的健康发展与供电企业的正常运营。预付费电能计费系统作为一种有效的解决方案，通过其“先付费，后用电”的模式，从根本上改变了电费收缴的传统流程，不仅降低了供电管理部门的运营风险，也促进了电力市场的规范化发展，确保了电力服务的可持续供给。

三、远程自动抄表

（一）远程自动抄表的含义

远程自动抄表（automatic meter reading，AMR）技术革新了传统的抄表模式，实现了无人到场即可自动完成电表数据读取。这不仅显著减轻了人工抄表的劳动负担，还极大提高了抄表的准确度与时效性，有效解决了抄表遗漏、估算及错误等常见问题，适用于各类用户，无论是工业还是住宅用户均可受益。该系统通过在常规电表内部集成自动抄表模块（含数据采集及通信组件），实现了数据的远程无线或有线传输。

随着电能计量技术从早期的机械式、简易电子脉冲表逐步演进到多功能智能化电子表，远程抄表系统也经历了由集中式架构向分布式、网络化、开放性系统的深刻变革。数据采集方式亦随之进化，从依赖集中式脉冲计数的处理转变为分布式直接数据传输模式。

早期采用集中脉冲系统的抄表，依赖于电能脉冲累计来间接反映电量，需额外安装转换器存储与转发脉冲数据，限制了系统直接与电表通信及远程参数配置的能力。而自20世纪90年代起，随着智能电表的普及，尤其是进入21世纪后固态智能化多功能电表的快速发展，分布式直接数字通信系统逐渐成为主流。这些新型电表直接支持数据的网络化传输，使得电能管理系统的功能得以大幅拓展，实现了对电表参数的远程设置、实时监控及高效数据分析，标志着电能计量与管理进入了全新的智能化时代。

（二）远程自动抄表系统的组成

远程自动抄表系统作为现代智能电网的重要组成部分，其设计和实施涉及多方面的技术和管理环节，旨在通过高度自动化和数字化手段，实现电能计量数据的远程、实时、高效采集与处理。该系统主要由以下几个核心组成部分构成。

1. 智能电能表

作为数据采集的前端设备，智能电能表相比传统电表，集成了数据处理与通信功能，能够实时监测电能消耗、电压、电流等关键参数，并通过内置的通信模块（如 RS485、电力线载波、无线 GPRS/3G/4G/LTE、蓝牙、Wi-Fi 等）将这些数据传输至数据采集系统。智能电表的广泛应用是实现远程抄表的基础。

2. 数据采集与传输设备

包括集中器 / 数据采集器（concentrator）和中继器（repeater）。集中器负责收集区域内多个智能电表的数据，通过有线或无线网络上传至数据处理中心，实现数据的初步汇聚与中转。在信号覆盖不足的区域，中继器用于增强通信链路，确保数据传输的稳定性和完整性。

3. 通信网络

远程自动抄表系统依赖于稳定、高效的通信网络，包括公共电信网络（如 GSM、CDMA、4G/5G）、专网（如光纤、无线专网）、电力线载波通信（PLC）等，用于传输从电表到数据中心的海量数据。通信网络的选择需考虑成本、覆盖范围、数据安全性及网络稳定性等因素。

4. 数据处理与管理系统

位于后台的数据处理中心或云平台，负责接收、存储、处理从智能电表传来的数据，进行大数据分析，生成账单，并监控电网运行状态，发现异常及时预警。该系统还需具备用户管理、权限分配、数据安全保护等功能，确保数据处理的高效性与安全性。

5. 用户界面与服务平台

为电力公司和用户提供直观、便捷的交互界面，如网页、移动应用程序等，实现电费查询、缴费通知、用电分析报告、故障报修等服务，提升用户体验和服务效率。

6. 安全防护机制

鉴于数据传输涉及用户隐私和电网安全，远程自动抄表系统必须配备完善的安全防护措施，包括数据加密、身份认证、网络安全防御系统等，确保数据在传输和存储过程中的安全性和隐私保护。

综上所述，远程自动抄表系统是一个综合了硬件设备、通信技术、数据处理、用户服务和安全保障的解决方案，通过高度自动化和信息化手段，不仅极大地提高了抄表效率和准确性，也为智能电网的精细化管理、节能减排及客户服务的升级提供了有力支撑。

（三）利用远程自动抄表技术实现防窃电

为了有效防范与侦查日益隐蔽的窃电行为，供电管理部门必须依托先进的技术手段和策略，构建一个全面覆盖的远程抄表系统，不仅能够实时监控电能使用情况，还能迅速识别潜在的窃电迹象，为采取应对措施奠定基础。实践经验揭示，单纯依赖电能表的内置防护功能已难以应对不断进化的窃电手段，因此，优化系统架构成为关键。

在这一背景下，利用低压配电网的拓扑结构，精心部署抄表交换机与抄表集中器，形成一个多层次、高效率的远程抄表体系，是当前较为有效的策略。具体实施时，于每条低压馈线分支的起始点，如居民楼的主进线入口，安装抄表集中器，并配置一台低压馈线总电能表，以此监测整条馈线的电能总消耗，将该表与集中器直接相连，确保数据实时上传。同时，在小区的配电变压器端设置抄表交换机，并与该区域的总电能计量表绑定，以便于高层次的数据汇总与分析。

通过这种布局，电能计量管理中心能够即时对比配变区域总电能表记录的数据与该区域内所有居民电能表读数的累计值。一旦发现区域总表读数显著超出用户表计之和，且排除了计量误差的可能，即可高度怀疑存在窃电行为，应及时启动调查程序。相反，若区域总表与各低压馈线总表读数间存在较大不符，且偏差方向不一，通常指示电能表可能存在计量错误，需立即组织校验工作，确保计量准确无误。

此策略不仅强化了对窃电行为的监控与响应能力，还通过交叉验证机制提升了电能计量的精确度与可靠性，为供电企业的运营管理提供了强有力的保障。

第三节　配电网数据采集与监控系统

一、配电网数据采集与监控系统的特点

数据采集与监控系统（supervisory control and data acquisition,

SCADA）构成了配电网自动化技术的基石，是配电系统自动化体系中的一个核心基础模块。电力网络大致可划分为输电网络和配电网络两大板块，相应地，SCADA 系统也分为输电 SCADA（TSCADA）系统与配电 SCADA（DSCADA）系统两种。输电 SCADA 系统历史悠久，技术成熟度较高；配电 SCADA 系统随着城乡电网现代化改造和自动化进程的加速，近年来得到了广泛应用，尽管发展较晚，且其在功能上与输电 SCADA 相似，但因配电网结构复杂度和数据量远超输电网，使其系统设计与实施面临更多挑战。

配电 SCADA 系统展现出以下独特特性。

监控对象广泛且分布广泛：主要包括变电站 10kV 出线开关及以下的配电网设备，如环网、分段开关、开闭所、配电变压器和用户终端。这些监控点不仅存在于变电站内部，还遍布于馈电线沿线，设备分散、数量庞大，每点信息虽少，但总体数据采集难度大。

数据量巨大：相较于输电网，配电网的设备数量和产生的数据量通常高出一个数量级，这对数据处理能力提出了更高要求。

高实时性和动态响应需求：配电网的操作和故障频率远高于输电网，要求 SCADA 系统具备更快的数据处理速度和实时响应能力，不仅要收集静态数据，还要捕捉故障时刻的瞬态信息，如故障前后电压电流的变化。

三相不平衡的考虑：与三相平衡的输电网不同，低压配电网存在三相不平衡特性，增加了数据处理和图形显示的复杂度，需要 SCADA 系统准确反映和处理这种不平衡状态。

自动控制与恢复功能：配电网 SCADA 系统需集成能够执行故障隔离和快速恢复供电的自动化操作软件，以提升电网的自愈能力。

通信系统高标准：考虑到配电网的广泛分布，对通信网络的可靠性、覆盖面和带宽提出更严格的要求。

高维护性和可扩展性：用户端的变化频繁导致配电网结构经常调整，SCADA 系统必须具备良好的可维护性和易于扩展的设计，以适应持续变动的需求。

集成与开放性：配电管理系统 DMS 与 MIS 紧密集成，强调系统间的互操作性，要求 SCADA 系统高度开放，并且需要与 GIS 深度整合，这在输电 SCADA 系统中并不常见。

综上所述，配电 SCADA 系统的设计和实施需要充分考虑配电网的特性和挑战，通过技术创新和系统优化，满足高复杂度、高实时性、高度集成化和开放性的要求。

二、配电网 SCADA 系统组织的基本方式

（一）配电网 SCADA 系统测控对象

配电网 SCADA 系统作为配电自动化的核心组成部分，主要负责监控和控制配电网的多项关键设备与运行参数，以实现数据的实时采集、状态监视、故障处理与控制操作等功能。其测控对象广泛分布于配电网的各个环节，具体包括但不限于以下几种。

变电站 10kV 出线开关：监控变电站中 10kV 等级的馈线开关状态，包括开关的分合状态及电流、电压、有功功率、无功功率等参数。

环网柜与分段开关：监测和控制环网柜内开关的状态，以及分段开关的位置和故障情况，以实现电网的灵活分段管理和故障隔离。

开闭所与配电室设备：监控开闭所和配电室内各种设备的运行状态，如母线电压、进出线电流、开关状态等，确保中低压配电网的稳定运行。

柱上开关与自动化设备：包括柱上负荷开关、断路器等，通过监测其状态和操作，实现故障区域的快速定位与隔离。

公用配电变压器：监控变压器的负载、温度、电压比、功率因数等，确保电力质量，及时发现并处理过载或异常情况。

电力用户计量点：在某些情况下，SCADA 系统也会接入重要电力用户的计量信息，用于分析负荷情况或进行需求侧管理。

分布式能源与微电网：随着分布式能源的接入增多，配电网 SCADA 系统也开始纳入太阳能光伏板、风力发电机等分布式电源的监控，以及微电网的协调控制。

通信与保护设备：监控通信网络的运行状态，确保数据传输的稳定与安全，同时集成继电保护装置的信息，对电网保护动作进行监控与分析。

通过这些广泛的测控对象，配电网 SCADA 系统能够全面掌握电网的运行状态，及时响应电网事件，优化运行策略，提高供电可靠性和效率。

（二）区域站的设置方法

配电 SCADA 系统面临的独特挑战在于其庞大的数据采集规模与高度分散的监测点，加之对数据传输实时性的极高要求，超越了负荷监控、管理系统及远

程抄表计费等配电自动化其他组成部分。因此，构建一个既稳健又高效的通信网络，成了配电 SCADA 系统组织的核心任务，旨在确保所有数据能够迅速、准确地流通。

设计过程中，需精细考量系统的整体规模、复杂度及期望的自动化标准，合理规划通信层级结构与传输方式，以适应配电 SCADA 的具体需求。与输电自动化相比，配电 SCADA 面对的是数量庞大且地理位置分散的终端设备，这不仅要求通信系统进行成本控制，还考验着设计者在满足实时通信需求与成本效益之间取得平衡的能力。

针对配电 SCADA 系统的特殊性，其监控对象涵盖了从大型开闭所、小区变压器到小型户外分段开关等各类设施。为了高效管理这些设备，采取一种“区域集结”策略显得尤为重要，即将数量众多的小型分散开关通过区域站进行归集，随后将数据统一上传至控制中心。在极端情况下，还可采取多级集结，以进一步优化主干通信信道的使用，同时，这样的设计也有利于配电 SCADA 系统借鉴并融合输电网自动化领域成熟的通信技术与网络架构，实现技术的继承与创新结合。通过这种策略，既保证了通信效率和系统的经济性，又确保了数据传输的可靠性，促进了整个配电系统的高效运作与管理。

第四节　配电图资地理信息系统

一、概述

配电图资地理信息系统是自动绘图（automatic mapping，AM）、设备管理（facilities management，FM）和地理信息系统（geographic information system，GIS）的总称，是配电系统各种自动化功能的公共基础。

AM/FM/GIS 在电力系统应用中的含义如下。

AM：要求直观反映电气设备的图形特征及整个电力网络的实际布设。

FM：主要是对电气设备进行台账、资产管理，设置一些通用的双向查询统计工具。所谓通用，是指查询工具可以适应不同的查询对象，查询的约束条件可以由使用者方便地设定，以适应不同地区不同管理模式的需要；所谓双向，是具有正向、反向两种处理途径，从图查询电气设备属性称作正向，反过来，从设备属性查图称作反向。

GIS：就是充分利用 GIS 的系统分析功能。利用 GIS 拓扑分析模型结合设备实际状态，进行运行方式分析；利用 GIS 网络追踪模型，进行电源点追踪；利用 GIS 空间分析模型，对电网负荷密度进行多种方式分析；利用 GIS 拓扑路径模型结合巡视方法，自动给出最优化巡视决策等。

和输电系统不同，配电系统的管辖范围从变电站、馈电线路一直到千家万户的电能表。配电系统的设备分布广、数量大，所以设备管理任务十分繁重，且均与地理位置有关。而且配电系统的正常运行、计划检修、故障排除、恢复供电以及用户报装、电量计费、馈线增容、规划设计等，都要用到配电设备信息和相关的地理位置信息。因此，完整的配电网系统模型离不开设备和地理信息。配电图资地理信息系统已成为配电系统开展各种自动化（如电量计费、投诉电话热线、开具操作票等）的基础平台。

标明各种电力设备和线路的街道地理位置图是配电网管理维修电力设备以及寻找和排除设备故障的有力工具。原来这些图资系统都是人工建立的，即在一定精度的地图上由供电部门标上各种电力设备和线路的符号，并建立相应的各种电力设备和线路的技术档案。现在这些工作都可以由计算机完成，即 AM/FM/CIS 自动绘图和设备管理系统。

20 世纪 70 ～ 80 年代中期的 AM/FM 系统大都是独立的。近年来，随着 GIS 的快速发展以及 GIS 的优良特性，目前的大多数 AM/FM 系统均建立在 GIS 基础上，即利用 GIS 来开发功能更强的 AM/FM 系统，形成由多学科技术集成的基础平台。

二、GIS 在电力行业的应用现状及难点

目前，在我国电力行业所建的地理信息系统存在的问题，主要表现在以下三个方面。

一是总体规划或设计方案不全面。电力行业的地理信息系统开发实施应紧密结合电力企业生产管理、经营管理、客户服务的需要。对这些应用需求最了解的应该是电力企业从事生产管理、经营管理、客户服务的领导和技术人员，但这些人员平时工作紧张，很难抽时间学习或接受地理信息系统知识培训。因此，总体规划或设计方案往往采用外包形式实行，而外包公司对电力企业知识的匮乏使得总体规划或设计方案深度不到位，或者应用覆盖不全、系统性差，为今后系统的实施带来了许多困难。要解决好这一问题，必须强调“一把手原则”和“发展与技术滚动原则”，重视项目机构建设及人力资源、资金等配置。

二是地理信息系统运行所需要的基础数据不全。目前，一些系统虽然在功能设计和开发中表现良好，但许多系统实际是一个演示功能系统，距离真正的

实用化目标存在很大差距。分析其原因主要是，系统运行所需要的基础数据未建立起来，而系统需要的基础数据需要长期的建立才能完善。同时，数据的及时更新是系统正常运行的基础。没有正确的基础数据，就没有系统正确的执行结果。基础数据包括地图数据、设备数据、电网地理接线数据、设备位置数据、用户分布数据等。

三是一体化数据图模解决方案未能解决好地理信息系统与EMS/SCADA、配电自动化系统等生产运行自动化系统的数据图模共享问题。目前，在一些供电企业项目中，解决这一问题基本是采用中间件或数据转发方法。采用这种技术方法的优点是减少了数据库系统的设计和实施工作量，以及不同系统之间的软件开发、调试工作量和技术沟通。但存在不同系统之间的数据、图形的不一致性隐患。

从当前电力行业所开发和应用的地理信息系统的建设过程来看，用于配电自动化的地理信息系统建设的难点一般体现在以下几个方面。

一是配电网资料和数据的整理输入工作量巨大，并且配电网又随着城市建设发展经常处于变动中，引起配电网设备分布数据不稳定、地理图形变化大，必然造成系统中数据更新或者维护工作多次反复。

二是由于众多需使用地理信息系统的建设单位无能力进行二次开发，而大多数软件开发商对电力行业知识又较为贫乏，造成开发的软件功能不全、深度不够。

三是电力地理信息系统与EMS/SCADA、配电网自动化、电力营销信息系统等企业信息系统的信息集成难度大。其原因是，各个不同的系统源于不同的开发商，各开发商在各系统实现时为了各自利益封闭对外接口或提供的接口较简单等。

所以，开发和建设好电力地理信息系统必须做到地理信息技术、计算机技术与电力生产运行管理和维护管理、客户服务管理、生产过程自动化系统等之间的紧密结合。

三、GIS 功能的实现方法

实现CIS功能的方法主要有两条途径。一种是利用技术成熟的通用GIS平台软件，基于该平台软件开发配电网所需的各种应用。其优点是通用性、开放性好，开发周期短；缺点是应用软件受平台软件的限制。美国、欧洲多采用这种方法，我国目前的配电网自动化系统也较多采用这种方法。另一种是开发专用系统，即开发专用于配电网的 GIS 软件。其优点是针对性强，实用，代码效率高，执行速度快；缺点是通用性、开放性差，开发周期长。

国产 GIS 软件目前呈现出如下特点：一是基础平台软件与国外同类软件在性能、可用性等方面的差距正在缩小；二是应用软件的覆盖范围加大。我国 GIS 软件已经形成完整的产品系列，形成了基础平台软件、桌面 GIS 软件、GIS 专业软件、GIS 应用软件四个技术体系，分别针对不同的应用目标和领域。与国外 GIS 软件相比，国产软件虽然在某些方面有一定的优势，不是全面落后，但在海量信息处理的支持等很多重要方面还有较大差距，整体能力较差。在市场份额方面，我国企业近年有了突破，国产 GIS 软件在国内市场的占有率已经接近 50%。

四、AM/FM/GIS 的离线、在线实际应用

配电 GIS 是一个高度复杂的软硬件和人的系统，其任务是在基于城市的地理图（道路图、建筑物分布图、河流图、铁路图、影像图及各种相关的背景图）上按一定比例尺绘制馈电线路的接线图、配电设备设施（杆塔、断路器、变压器、变电站、交叉跨越等）的分布图，编辑相应的属性数据并与图形关联，能对设备设施进行常规的查询、统计和维护，还可对馈线的理论网损、潮流和短路电流进行计算。同时，它还要能够与其他系统互联（如配电 SCADA 系统、管理信息系统、客户报装系统、故障报修系统、抄表与计费系统、负荷控制与管理系统、互联网等）以便获取或传送信息，实现广泛的信息共享。

配电 GIS 的最大特点在于它能在离线和在线两种方式下运行。以前，AM/FM/GIS 主要用于离线应用系统，是 CIS 的一个重要组成部分。近年来，随着开放系统的兴起，新一代的 SCADA/EMS/DMS 开始广泛采用支持结构化查询语言（SQL）的商用数据库，而这些商用数据库（如 Oracle、Sybase）又都能支持表征地理信息的空间数据和多媒体信息，这就为 SCADA/EMS/DMS 与 AM/FM/GIS 的系统集成提供了方便，开辟了 AM/FM/GIS 进入在线应用的渠道，成为电力系统数据模型的一个重要组成部分。

（一）AM/FM/GIS 在配电网中离线方面的应用

离线方面，AM/FM/GIS 作为用户信息系统的一个重要组成部分，提供给各种离线应用系统使用；同时，各个应用通过系统集成和信息共享进一步得到优化，从而提高了配电网管理和营运的效率和水平。这些应用系统主要包括下述

三个系统。

1. 设备管理系统

可为运行管理人员提供配电设备的运行状态数据及设备固有信息等，为配电系统状态检修和设备检修提供参考依据。它主要包括以下几项。

一是对馈线进行统一管理，提供对馈线的查询、统计，拉闸停电分析及属性条件查询等功能。在以地理为背景所绘制的单线图上，可以分层显示变电站、线路、变压器、断路器、隔离开关直至电杆路灯、用电用户的地理位置。只要用鼠标激活一下所需检索的厂站或设备图标，包括实物彩照或图片在内的有关厂站或设备信息即以窗口的形式显示出来。

二是按属性进行统计和管理，如在指定范围内对馈线长度的统计，对变压器和客户容量的统计管理，继电保护（或熔丝）定值管理以及各种不同规格设备的分类统计等。

三是对所有的设备进行图形和属性指标的录入、编辑、查询、定位等。在地理位置接线图上，对任意台区或线路的运行工况和设备进行统计和分析。

四是能描述配电网的实际走向和布置，并能反映各个变电站的一次主接线图。

2. 用电管理系统

业务报装、查表收费、负荷管理等是供电部门最为繁重的几项用电管理任务。使用AM/FM/GIS，可以方便基层人员核对现场设备运行状况，及时更新配电、用电的各项信息数据。

业务报装时，可在地理图上查询有关信息数据，有效地减少现场勘测工作量，加快新用户用电报装的速度。

查表收费包括电能表管理和电费计费。使用AM/FM/GIS，以街道的门牌编号为序建立用户档案是十分有用的，查询起来非常直观和方便。

负荷管理功能是根据变压器、线路的实际负荷，以及用户的地理位置和负荷可控情况，制订各种负荷控制方案，实现对负荷的调峰、错峰、填谷任务。

3. 规划设计系统

配电系统从合理分割变电站负荷，馈线负荷调整，以及增设配电变电站、开关站、联络线和馈电线路，直至配电网改造、发展规划等，设计任务比较烦琐，而且一般都是由供电部门自己解决。利用地理信息处理技术，可结合区域行政规划及电力负荷预测，辅助配电网规划与设计，有效地减轻规划与设计人员工作量，提高配电网规划设计的效率和科学性，还可为管理人员方便及时地掌握配网建设、客户分布和设备运行的完整情况，以及科学管理与决策提供及时可靠的平台支持。配电网规划与辅助设计的主要功能：杆塔定位设计；架空线和电缆选线设计；变压器、高压客户（大用户）、断路器、变电站（所）及各类附属设施等的定位设计。

（二）AM/FM/GIS 在配电网中在线方面的应用

1. SCADA 中的应用

利用 AM/FM/GIS 提供的图形信息，SCADA 系统可以在地图上动态显示配电设备的运行状况，从而有效地管理系统运行；同时，通过网络拓扑着色，能够直观反映配电网实时运行状况。

对于事故，可以给出含地理信息的报警画面，用不同颜色显示故障停电的线路和停电区域，进行事故记录；同时，还可以在地理接线图上直接对开关进行遥控，对设备进行各种挂牌、解牌操作。

2. 在投诉电话热线中的应用

投诉电话热线的目的是快速、准确地根据用户打来的大量故障投诉电话判断发生故障的地点以及抢修队目前所处的位置，及时地派出抢修人员，以缩短停电时间。故障发生的地点以及抢修人员所处的位置应该是具体的地理位置，如街道名称、门牌号等，还要了解设备目前的运行状态，因而 AM/FM/GIS 提供的最新地图信息、设备运行状态信息极为重要，是故障电话处理系统能够充分发挥作用的基础。

第五节　负荷控制和管理

一、负荷控制和管理的概念及经济效益

（一）概念

电力负荷控制和管理系统是实现计划用电、节约用电和安全用电的技术手段，也是配电自动化的一个重要组成部分。电力负荷管理（load management，LM）是指供电部门根据电网的运行情况、用户的特点及重要程度，在正常情况下，对用户的电力负荷按照预先确定的优先级别，通过程序进行监测和

控制，进行削峰（peak shaving）、填谷（valley filling）、错峰（load shifting），平坦系统负荷曲线；在事故或紧急情况下，自动切除非重要负荷，保证重要负荷不间断供电以及整个电网的安全运行。负荷管理的实质是控制负荷，因此又称为负荷控制管理。

（二）影响负荷特性的主要因素

理想的负荷特性是负荷随时间变化呈一条水平直线，并与发供电能力相适应，这时发供电设备利用率最高。而现实中负荷特性曲线是由社会生产、经济活动和人民生活随时间变化用电需求不同而形成的。负荷曲线是一条有一定规律的随时间变化的曲线，影响负荷特性的主要因素如下。

一是用电结构。一般工业用电特别是重化工产业比例较高、三班制连续生产企业较多时，负荷率偏高，峰谷差较小。第三产业、生活用电比例较高时，负荷率低，峰谷差大。

二是气候影响。夏热冬冷地区冬夏两季负荷较高，严寒地区、寒冷地区冬季负荷偏高，夏热冬暖地区夏季负荷偏高，温差越大，负荷差越大。

三是法定节假日负荷有较大幅度的下降。

（三）负荷控制的经济效益

不加控制的电力负荷曲线是很不平坦的，上午和傍晚会出现负荷高峰，而在深夜负荷很小又形成低谷。一般最小日负荷仅为最大日负荷的40%左右，这样的负荷曲线对电力系统是很不利的。从经济方面看，如果只是为了满足尖峰负荷的需要而大量增加发电、输电和供电设备，在非峰负荷时间里就会形成很大的浪费，可能有占容量1/5的发变电设备每天仅仅工作一两个小时；而如果按基本负荷配备发变电设备容量，又会使1/5的负荷在尖峰时段得不到供电，也会造成很大的经济损失，上述矛盾是很尖锐的。另外，为了跟踪负荷的高峰低谷，一些发电机组频繁起停，既增加了燃料的消耗，又降低了设备的使用寿命。同时，这种频繁的起停，以及系统运行方式的相应改变，都必然会升高电力系统故障的概率，影响其安全运行，这对电力系统是不利的。通过负荷控制，其经济效益体现在以下几方面。

一是削峰填谷，使负荷曲线变得平坦，提高现有电力系统发供电设备资产利用率，使现有电力设备得到充分利用，降低固定成本，减少发供电设备建设投资。

二是能够减少发电机组的起停次数，延长设备使用寿命。

三是降低发电机组供电煤耗，节约能源。

四是稳定系统运行方式，提高供电可靠性。

五是降低电网线损，同一时段内售电量相同时负荷率越高线损越低。

六是对用户，让峰用电可以减少电费支出，实现双赢。

二、负荷特性优化的主要措施

实现负荷控制要对负荷特性进行优化，优化的主要措施包括经济措施、行政措施、宣传措施和技术措施。

（一）经济措施

经济措施是优化负荷特性的重要措施，主要通过电价杠杆来调整不同时段的供求关系，达到调整负荷曲线的目的。近年来，随着用电密度迅速加大，对电价制度也做了部分改变，以适应国民经济发展对电力的需求，现对我国现行的电价制度介绍如下。

1. 单一制电价

它是以客户计费电量为依据，直接与电能电费发生关系而不与其基本装机容量的基本电费发生关系，除变压器容量在 315kV·A 及以上的大工业客户外，其他所有用电均执行单一制电价制度。其中容量在 100kV·A（或 kW）及以上的客户还应执行功率因数调整电费办法和丰枯、峰谷电价制度。

2. 两部制电价

两部制电价就是将电价分为两个部分：一是基本电价，反映电力成本中的容量成本，是以用户用电的最高需求量或变压器容量计算基本电费；二是电能电价，反映电力成本中的电能成本，以用户实际使用电量（kW·h）为单位计算电能电费。对实行两部制电价的用户，还需根据功率因数调整电费。

采用两部制电价的原因是发电设备容量是按系统尖峰时段最大负荷需求量来安排的，合理的电价可促使用户提高受电设备的负荷率。但如果只按用户实际耗用的电量来计价，则不能满足要求。因为不同的用户由于用电性质不同，系统为之准备的发电容量也不同，从而耗费的固定费用也不同。受各种原因影响，不同用户的最大需求量（或变压器容量）和实际用电量也不同，在最大需量（或变压器容量）相同的情况下，实际用电量越多单位供电费用中固定费用的含量越少，反之则单位固定费用上升。所以，不能将所有用户都完全按用电量平均计价，而需对电价进行两部制分解：一部分为基本电价，另一部分为电能电价。

3. 季节性电价

季节性电价也是一种分时电价，即在一年中对于不同季节按照不同价格水平计费的一种电价制度。

实行季节性电价主要是为了解决如下两类问题。

一是合理利用电力资源，实行丰枯电价。将一年12个月分成丰水期、平水期、枯水期三个时期，或者平水期、枯水期两个时期。在水电比重较大的电力系统中，如我国云南、湖南、福建等省区水力资源十分丰富，丰水季节电力供应充足有余，即弃水造成水力资源浪费，而枯水季节水电出力不足；如加大火电比例，则可能造成火电机组利用小时整体下降，电力成本上升，并形成资源浪费。这些地区宜推行丰枯电价，即在丰水季节电价下浮，鼓励多用水电或用水电替代其他能源；枯水季节电价上浮，抑制部分负荷，从而协调供需矛盾。

二是由于不同季节的气候差异较大，导致不同季节的电力需求也出现较大的差异。例如，在我国部分夏热冬冷地区，夏季空调降温负荷常高出春秋两季负荷20%以上，且持续数月，部分省市空调最高负荷已经达到系统最高负荷的30%左右。季节性电价可以促使部分工业企业用户把设备的大修、职工休假有计划地安排在高温季节，必要时减产降荷，降低用电成本。

4. 高峰、低谷分时电价

我国有些地方也在试行峰谷电价。电网的日负荷曲线通常不是一条均衡的直线，而是一条有高峰有低谷的非线性曲线，而且用电高峰和低谷出现的时间都有一定的规律性，采用峰谷分时电价可以引导客户削峰填谷，缓和高峰时段的供需矛盾，充分利用电力资源。

以居民分时电价为例。居民用电量一般占全国用电量的9%～12%，但负荷特性较差，其最高负荷在部分地区可达最高供电负荷的40%左右，因此实施居民分时电价可一定程度上抑制居民用电负荷高峰。居民分时电价一般简化为两个时间段：8：00～22：00、22：00～次日8：00，也称为黑白电价，白黑比一般控制在1.6～1.8。居民峰谷分时电价一般可以部分转移电热水器、电取暖、洗衣机等负荷。

城市第三产业特别是商场、写字楼、宾馆、学校、文化娱乐体育设施等，夏季高温负荷十分突出，其负荷高峰与电网负荷高峰重叠。电蓄冷空调是其移峰填谷的主要措施，为促进电蓄冷技术的推广应用，可实施电蓄冷负荷特惠电价，专表计量，其电价可在原有峰谷分时电价的基础上于低谷再下降 10% 左右。

5. 功率因数调整电费的办法

我国对受电变压器的容量大于或等于 100kV·A 的工业客户、非工业客户、农业生产客户都实施了功率因数调整电费的办法，以考核客户无功就地补偿的情况。对于补偿好的客户给予奖励，差的给予惩罚。考核功率因数的目的是改善电压质量，减少损耗，使供用电双方和社会都能取得最佳的经济效益。

6. 临时用电电价制度

我国对电影、电视剧拍摄和基建工地、农田水利、市政建设、抢险救灾、举办大型展览等临时用电实行临时用电电价制度，电费收取可装表计量电量，也可按其用电设备容量或用电时间收取。对未装用电计量装置的客户，供电企业应根据其用电容量，按双方约定的每日使用时数和使用期限预收全部电费，用电终止时，如实际使用时间不足约定期限 1/2 的，可退还预收电费的 1/2；超过约定期限 1/2 的，预收电费不退；到约定期限时，终止供电。

7. 梯级电价制度

这种电价制度是将客户每月用电量划分成两个或多个级别，各级别之间的电价不同。梯级电价制度分为递增型梯级电价制度和递减型梯级电价制度。采用梯级电价的原因：递减电价在鼓励用户增加用电量、开拓电力市场、增供扩销方面有着积极作用；递增电价在节能降耗、刺激用户自觉搞好需求的管理及照顾低收入家庭方面有着积极意义。

（二）行政措施

行政措施是指政府和相关执法部门通过行政法规、标准、政策等来规范电力消费和市场行为，以政府的行政力量来推动节能、约束浪费、保护环境的一种管理活动。行政措施具有权威性、指导性和强制性，在培育效率市场方面起着特殊的作用。

（三）宣传措施

宣传措施是指采用宣传的方式，引导用户合理消费电能，实现节能。主要采用普及节能知识讲座、传播节能信息技术讲座、举办节能产品展示、宣传节能政策、开展节能咨询服务等，普及先进的理念和技术，特别是对中小学生从小就树立节能的概念是非常重要的。

（四）技术措施

技术措施主要包括削峰、填谷和移峰填谷三种。

1. 削峰

削峰是指在电网高峰负荷期减少客户的电力需求，在考虑增加新的装机容量时，需要确保新增的装机容量的边际成本不超过其平均成本。并且由于平稳了系统负荷，提高了电力系统运行的经济性和可靠性，可以降低发电成本。常用的削峰手段主要有以下两种。

（1）直接负荷控制

直接负荷控制是在电网高峰时段，系统调度人员通过远动或自控装置随时控制客户终端用电的一种方法。由于它是随机控制的，常常冲击生产秩序和生活节奏，大大降低了客户峰期用电的可靠性，大多数客户不易接受，尤其是那些对可靠性要求高的客户和设备，停止供电有时会酿成重大事故，并带来很大的经济损失，即使采用降低直接负荷控制的供电电价也不受客户欢迎。因此，这种控制方式的使用受到了一定的限制，一般多用于城乡居民的用电控制。

（2）可中断负荷控制

可中断负荷控制是根据供需双方事先的合同约定，在电网高峰时段，系统调度人员向客户发出请求中断供电的信号，经客户响应后，中断部分供电的一种方法。它特别适合对可靠性要求不高的客户。不难看出，可中断负荷是一种有一定准备的停电控制。由于电价偏低，有些客户愿意用降低用电的可靠性来减少电费开支。它的削峰能力和系统效益，取决于客户负荷的可中断程度。可中断负荷控制一般适用于工业、商业、服务业等对可靠性要求较低的客户。例如，有能量（主要是热能）储存能力的客户，可以利用储存的能量调节躲峰；有燃气供应的客户，可以燃气替代电力躲避电网高峰；有工序产品或最终产品存储能力的客户，可通过工序调整改变作业程序来实现躲峰等。

2. 填谷

填谷是指在电网负荷的低谷区增加客户的电力需求，其有利于启动系统空闲的发电容量，并使电网负荷趋于平稳，提高系统运行的经济性。由于填谷增加了电量销售，减少了单位电量的固定成本，从而进一步降低了平均发电成本，使电力公司增加了销售利润。比较常用的填谷手段有以下几种。

（1）增加季节性客户负荷

在电网年负荷低谷时期，增加季节性客户负荷，在丰水期鼓励客户多用水电。

（2）增加低谷用电设备

在夏季出现尖峰的电网可适当增加冬季用电设备，在冬季出现尖峰的电网可适当增加夏季的用电设备。在日负荷低谷时段投入电气钢炉或采用蓄热装置电气保温，在冬季后半夜可投入电暖气或电气采暖空调等进行填谷。

（3）增加蓄能用电

在电网日负荷低谷时段投入电气蓄能装置进行填谷，如电动汽车蓄电池和各种可随机安排的充电装置。

填谷不但对电力公司有益，而且也会减少客户电费开支。但是填谷要部分改变客户的工作程序和作业习惯，这也增加了填谷技术的实施难度。填谷的重要对象是工业、服务业和农业等部门。

3. 移峰填谷

移峰填谷是指将电网高峰负荷的用电需求推移到低谷负荷时段，同时起到削峰和填谷的双重作用。它既可以减少新增装机容量，充分利用闲置的容量，又可平稳系统负荷，降低发电煤耗。移峰填谷一方面增加了谷期用电量，从而增加了电力公司的销售电量；另一方面减少了峰期用电量，相应减少了电力公司的销售电量。因此，电力系统的实际效益取决于增加的谷期用电收入和降低的运行费用对减少的峰期用电收入的抵偿程度。常用的移峰填谷技术有以下几种。

（1）采用蓄冷蓄热技术

中央空调采用蓄冷技术是移峰填谷最为有效的手段。它在后夜电网负荷低谷时段制冰或冷水并把冰或冷水等蓄冷介质储存起来，在白天或前夜电网负荷高峰时段把冷量释放出来转化为冷气空调，达到移峰填谷的目的。

采用蓄热技术是在后夜电网负荷低谷时段，把电气锅炉或电加热器生产的热能存储在蒸汽或热水蓄热器中，在白天或前夜电网负荷高峰时段将其热能用于生产或生活等，实现移峰填谷。蓄热技术对用热多、热负荷波动大、锅炉容量不足或增容有限的工业企业和服务业尤为合适。

客户是否愿意采用蓄冷和蓄热技术，主要取决于它减少的高峰电费的支出是否能补偿多消耗的低谷电量支出的电费并获得合适的收益。

（2）能源替代运行

有夏季尖峰的电网，在冬季用电加热替代燃料加热，在夏季可用燃料加热替代电加热；有冬季尖峰的电网，在夏季可用电加热替代燃料加热，在冬季可用燃料加热替代电加热。在日负荷的高峰和低谷时段，亦可采用能源替代技术实现移峰填谷，其中燃气和太阳能是易于与电能相互替代的能源。

（3）调整轮休制度

调整轮休制度是一些国家长期采用的一种平抑电网日间高峰负荷的常用办法，在企业间实行周内轮休来实现错峰，取得了很大成效。由于它改变了人们早已规范化了的休整习惯，影响了社会正常的活动节奏，冲击了人们的往来交际，又没有增加企业的额外效益，一般难于被广大客户接受，但是，在一些严重缺电的地区，在已经实行轮休制度的企业，采取必要的市场手段仍然可为移峰填谷做出贡献。

（4）调整作业程序

调整作业程序是一些国家曾经长期采取的一种平抑电网日内高峰负荷的常用办法，即在工业企业中把一班制作业改为两班制，把两班制作业改为三班制，对移峰填谷起到了很大作用。但这种措施也在很大程度上干扰了职工的正常生活节奏和家庭生活节奏，也增加了企业不少的额外负担。

三、负荷控制系统的基本结构和功能

负荷控制系统的基本结构由负荷控制终端、通信网络、负荷控制中心组成。下面分别予以介绍。

（一）负荷控制终端

电力负荷控制终端（load control terminal unit）是装设在用户端，受电力负荷控制中心的监视和控制的设备，因此也称为被控端。

1. 根据信号传输的方向

负荷控制终端可以分为单向终端和双向终端。

（1）单向终端（one way terminal unit）

单向终端是只能接收电力负荷控制中心命令的电力负荷控制终端，分为遥控开关和遥控定量器两种。

遥控开关（remote switch）是接收电力负荷控制中心的遥控命令，进行负荷开关的分闸、合闸操作的单向终端，一般用于 315kV·A 以下的小用户。

遥控定量器（remote load control limiter）是接收电力负荷控制中心定值和遥控命令的单向终端，一般用于 315 ～ 3200kV·A 的中等用户。

（2）双向终端（two-way terminal unit）

双向终端是装设在用户端，能与电力负荷控制中心进行双向数据传输和实现当地控制功能的设备。分为双向三遥控制终端和双向控制终端两种。

双向三遥控制终端能实时采集并向负荷中央控制机传送电流、电压、有功功率、无功功率和开关状态等信息，并具有显示打印、超限报警和实施当地及远方控制等功能的负荷控制终端。双向三遥控制终端主要用于变电站小型远动装置，也可用于少数特大型电力用户。

双向控制终端是能实时采集并向负荷中央控制机传送有功功率、无功功率等信息（必要时也可采集和传送电压信息），并具有显示打印、超限报警、当地和远方控制以及调整定值等功能的负荷控制终端。双向控制终端主要用于装机容量为 3200kV·A 以上的大电力用户。

2. 负荷控制终端实例

电力负荷管理终端是用电现场服务与管理系统的重要组成部分，安装在用户电表附近，实现用户电能量数据和其他遥测信息的采集、存储以及转发，并综合实现负控、防窃电等功能。

此电力负荷管理终端采用模块化设计方法，通过 RS485 总线采集用户现场电表的数据，同时监测并管理用户的用电情况；具有 GPRS/GSM/ 普通拨号 MODEM/CDMA 等多种主站通信方式可选，并能通过短消息 / 电子邮件等方式实现异常信息的及时报告；具有红外 /USB 本地维护接口；具有远程维护升级功能；能够适应高低温和高湿等恶劣运行环境。

此电力负荷终端具有以下功能。

（1）电能表数据采集

通过 RS485 通信接口，终端能按设定的终端抄表日或定时采集时间间隔采集、存储电能表数据。采集的数据包括有功 / 无功电能示值、有功 / 无功最大需量及发生时间、功率、电压、电流、电能表参数、电能表状态等信息。

（2）脉冲量采集

能够接收 4 路脉冲输入（根据配置，如果不需要信号量采集，最大可以增加到 8 路），根据脉冲常数和其他参数能够算出瞬时功率、累计电量。

（3）交流模拟量采集

交流采样模块（选配）能够实时采集电压、电流（包括零序电流），并且实时计算功率、电量等。

（4）数据存储

可存储各类事件信息；可存储定义的各类任务数据（数据由各类电表采集信息组成，可任意组合）。

（5）设置功能

可通过红外掌机、USB 接口、远程主站对终端设置各类配置信息。

（6）异常报警

可主动上报装置封印开启，参数修改，停电、上电，电量（功率）差动，电流互感器短路、开路，电压（流）逆相序，电流反极性，三相负荷不平衡，表计停走，电量飞走，电池电压过低等异常报警信息，在异常报警的同时可记录并上报报警时间、当时电量等相关数据。

（7）管理

电压质量统计：分别判断超上、下限的不合格次数（点）。统计电压合格率，最大、最小电压值及发生的时间。

过负荷统计：记录过负荷时的相别、最大电流、发生时间（起始、结束）。

（8）控制功能

支持分组多轮控制（最多 4 轮）功能；支持时段控制、厂休控制、营业报停控制和当前功率下浮控制；支持月电能量控制、购电能量（费）控制、催费告警；支持保电、剔除和遥控功能。

（二）负荷控制中心

负荷控制中心的主要功能有以下几项。

1. 管理功能

①编制负荷控制实施方案。

②日、月、年各种报表打印。

2. 负荷控制功能

①定时自动或手动发送系统分区、分组的广播命令，进行跳闸、合闸操作。

②发送功率控制、电能量控制的投入和解除命令。

③峰、谷各时段的设定和调整。

④对成组或单个终端的功率、功率控制时段、电能量定值的设定和调整。

⑤分时计费电能表的切换。

⑥系统对时。

⑦发送电能表读数冻结命令。

⑧定时和随机远方抄表。

3. 数据处理功能

①数据合理性检查。

②计算处理功能。

③画面数据自动刷新。

④异常、超限或事故报警。

⑤检查、确认操作密码口令及各种操作命令的检查、确认并打印记录。

⑥实时负荷曲线（包括日、月和特殊用户）绘制，图表显示和复制。

⑦随机查询。

4. 系统自诊断、自恢复功能

①主控机双机自动 / 手动切换。

②系统软件运行异常的显示告警，有自动或手动自恢复功能。

③主控站通信机告警和保护信道切换指示。

④显示整个系统硬件包括信道的工作状态。

5. 通信功能

①与电力调度中心交换信息。

②与上级负荷控制中心或计划用电管理部门交换信息。

③与计算机网络通信。

6. 其他功能

①调试时与终端通话功能。

②监视配电网中各种电气设备分、合闸操作及运行情况。

参考文献

[1] 陈军法，牛林．配电网运检技术[M]. 北京：中国电力出版社，2023.

[2] 解大，李岩，陈爱康．柔性直流配电网的运行控制和调度[M]. 上海：上海交通大学出版社，2023.

[3] 宋国兵．智能配电网继电保护[M]. 北京：中国电力出版社，2023.

[4] 周来，林国营，张勇军．低压配电网拓扑智能识别[M]. 北京：清华大学出版社，2023.

[5] 曾四鸣，杨少波，胡雪凯，等．分布式电源配电网运行控制技术[M]. 北京：中国电力出版社，2023.

[6] 刘石生．低压配电网及配电新技术[M]. 西安：陕西科学技术出版社，2022.

[7] 吴强．配电网运行及检修[M]. 长沙：湖南科学技术出版社，2022.

[8] 曹华珍，王承民，吴亚雄，等．配电网可靠性规划[M]. 北京：机械工业出版社，2022.

[9] 胡博，王荣茂，徐淼，等．配电网自动化[M]. 北京：科学出版社，2022.

[10] 沈鑫，骆钊，陈昊．智能配电网规划及运营[M]. 北京：科学出版社，2022.

[11] 张恒旭，石访，靳宗帅．配电网同步测量技术及应用[M]. 北京：科学出版社，2022.

[12] 苏安龙．配电网规划与设计应知应会[M]. 大连：大连理工大学出版社，2023.

[13] 程立秋，刘志雄，潘博文．配电网自动化开关操作应用研究[M]. 西安：陕西科学技术出版社，2022.

[14] 许守东，余群兵，石恒初，等．中压配电网单相接地故障处理技术与应用[M]. 北京：中国电力出版社，2022.

[15] 程立秋，刘石生，彭永健．配电网自动化设备技术及管理研究[M].

西安：陕西科学技术出版社，2022.
[16] 马志广，宁琦 . 配电网运维与检修实用技术 [M]. 北京：中国电力出版社，2022.
[17] 熊宁，朱文广，姚志刚 . 分布式光伏高渗透率下的海绵型配电网规划技术 [M]. 天津：天津大学出版社，2021.
[18] 谢金涛，牛林 . 配电网施工技术 [M]. 北京：中国电力出版社，2021.
[19] 孟晓芳 . 基于规划平台的配电网规划方法 [M]. 北京：科学出版社，2021.
[20] 张恒旭，王葵，石访 . 电力系统自动化 [M]. 北京：机械工业出版社，2021.
[21] 常瑞增 . 中、高压变频调速系统与节能 [M]. 北京：机械工业出版社，2021.
[22] 乔林，刘颖，刘为 . 智能电网技术 [M]. 长春：吉林科学技术出版社，2021.
[23] 张帝 . 新一代配电自动化主站技术及应用 [M]. 北京：中国电力出版社，2021.
[24] 胡列翔，等 . 高可靠性配电网规划 [M]. 北京：机械工业出版社，2020.
[25] 刘健，张志华 . 配电网故障自动处理 [M]. 北京：中国电力出版社，2020.
[26] 刘念，刘文霞，刘春明 . 配电自动化 [M]. 北京：机械工业出版社，2020.
[27] 徐铭铭，徐恒博，孙芊 . 10kV 配电网停电预防与治理 [M]. 北京：中国电力出版社，2020.
[28] 曾宪武，包淑萍 . 物联网与智能电网关键技术 [M]. 北京：化学工业出版社，2020.